京華通覽

西山永定河文化带

主编/段柄仁

北京植物园

李明新/编著

北京出版集团公司
北 京 出 版 社

图书在版编目（CIP）数据

北京植物园 / 李明新编著. — 北京 ：北京出版社，2018.12
（京华通览 / 段柄仁主编）
ISBN 978-7-200-13435-3

Ⅰ. ①北… Ⅱ. ①李… Ⅲ. ①植物园—介绍—北京 Ⅳ. ①Q94-339

中国版本图书馆CIP数据核字（2017）第266528号

出版人 曲 仲
策 划 安 东 于 虹
项目统筹 董拯民 孙 菁
责任编辑 董拯民 李更鑫
封面设计 田 晗
版式设计 云伊若水
责任印制 燕雨萌

“京华通览”丛书在出版过程中，使用了部分出版物及网站的图片资料，在此谨向有关资料的提供者致以衷心的感谢。因部分图片的作者难以联系，敬请本丛书所用图片的版权所有者与北京出版集团公司联系。

京华通览
北京植物园
BEIJING ZHIWU YUAN
李明新 编著
*
北京出版集团公司
北京出版社 出版
（北京北三环中路 6 号）
邮政编码：100120
网 址：www.bph.com.cn
北京出版集团公司总发行
新华书店经销
天津画中画印刷有限公司印刷
*
880 毫米 ×1230 毫米 32 开本 6.125 印张 126 千字
2018 年 12 月第 1 版 2022 年 11 月第 3 次印刷
ISBN 978-7-200-13435-3
定价：45.00 元

如有印装质量问题，由本社负责调换
质量监督电话：010-58572393

《京华通览》编纂委员会

《京华通览》编辑部

序

PREFACE

擦亮北京“金名片”

段柄仁

北京是中华民族的一张“金名片”。“金”在何处？可以用四句话描述：历史悠久、山河壮美、文化璀璨、地位独特。

展开一点说，这个区域在 70 万年前就有远古人类生存聚集，是一处人类发祥之地。据考古发掘，在房山区周口店一带，出土远古居民的头盖骨，被定名为“北京人”。这个区域也是人类都市文明发育较早，影响广泛深远之地。据历史记载，早在 3000 年前，就形成了燕、蓟两个方国之都，之后又多次作为诸侯国都、割据势力之都；元代作为全国政治中心，修筑了雄伟壮丽、举世瞩目的元大都；明代以此为基础进行了改造重建，形成了今天北京城的大格局；清代仍以此为首都。北京作为大都会，其文明引领全国，影响世界，被国外专家称为“世界奇观”“在地球表面上，人类最伟大的个体工程”。

北京人文的久远历史，生生不息的发展，与其山河壮美、宜生宜长的自然环境紧密相连。她坐落在华北大平原北缘，“左环沧海，右拥太行，南襟河济，北枕居庸”“龙蟠虎踞，形势雄伟，南控江淮，北连朔漠”，是我国三大地理单元——华北大平原、东北大平原、内蒙古高原的交会之处，是南北通衢的纽带，东西连接的龙头，东北亚环渤海地区的中心。这块得天独厚的地域，不仅极具区位优势，而且环境宜人，气候温和，四季分明。在高山峻岭之下，有广阔的丘陵、缓坡和平川沃土，永定河、潮白河、拒马河、温榆河和蓟运河五大水系纵横交错，如血脉遍布大地，使其顺理成章地成为人类祖居、中华帝都、中华人民共和国首都。

这块风水宝地和久远的人文历史，催生并积聚了令人垂羡的灿烂文化。文物古迹星罗棋布，不少是人类文明的顶尖之作，已有 1000 余项被确定为文物保护单位。周口店遗址、明清皇宫、八达岭长城、天坛、颐和园、明清帝王陵和大运河被列入世界文化遗产名录，60 余项被列为全国重点文物保护单位，220 余项被列为市级文物保护单位，40 片历史文化街区，加上环绕城市核心区的大运河文化带、长城文化带、西山永定河文化带和诸多的历史建筑、名镇名村、非物质文化遗产，以及数万种留存至今的历史典籍、志鉴档册、文物文化资料，《红楼梦》、“京剧”等文学艺术明珠，早已成为传承历史文明、启迪人们智慧、滋养人们心灵的瑰宝。

中华人民共和国成立后，北京发生了深刻的变化。作为国家首都的独特地位，使这座古老的城市，成为全国现代化建设的领头雁。新的《北京城市总体规划（2016年—2035年）》的制定和中共中央、国务院的批复，确定了北京是全国政治中心、文化中心、国际交往中心、科技创新中心的性质和建设国际一流的和谐宜居之都的目标，大大增加了这张“金名片”的含金量。

伴随国际局势的深刻变化，世界经济重心已逐步向亚太地区转移，而亚太地区发展最快的是东北亚的环渤海地区、这块地区的京津冀地区，而北京正是这个地区的核心，建设以北京为核心的世界级城市群，已被列入实现“两个一百年”奋斗目标、中国梦的国家战略。这就又把北京推向了中国特色社会主义新时代谱写现代化新征程壮丽篇章的引领示范地位，也预示了这块热土必将更加辉煌的前景。

北京这张“金名片”，如何精心保护，细心擦拭，全面展示其风貌，尽力挖掘其能量，使之永续发展，永放光彩并更加明亮？这是摆在北京人面前的一项历史性使命，一项应自觉承担且不可替代的职责，需要做整体性、多方面的努力。但保护、擦拭、展示、挖掘的前提是对它的全面认识，只有认识，才会珍惜，才能热爱，才可能尽心尽力、尽职尽责，创造性完成这项释能放光的事业。而解决认识问题，必须做大量的基础文化建设和知识普及工作。近些年北京市有关部门在这方面做了大量工作，先后出版了《北京通史》（10卷本）、《北京百科全书》（20卷本），各类志书近900种，以及多种年鉴、专著和资料汇编，等等，为擦亮北京这张“金名片”做了可贵的基础性贡献。但是这些著述，大多是服务于专业单位、党政领导部门和教学科研人员。如何使其承载的知识进一步普及化、大众化，出版面向更大范围的群众的读物，是当前急需弥补的弱项。为此我们启动了“京华通览”系列丛书的编写，采取简约、通俗、方便阅读的方法，从有关北京历史文化的大量书籍资料中，特别是卷帙浩繁的地方志书中，精选当前广大群众需要的知识，尽可能满足北京人以及关注北京的国内外朋友进一步了解北京的历史与现状、性质与功能、特点与亮点的需求，以达到“知北京、爱北京，合力共建美好北京”的目的。

这套丛书的内容紧紧围绕北京是全国的政治、文化、国际交往和科技创新四个中心，涵盖北京的自然环境、经济、政治、文化、社会等各方面的知识，但重点是北京的深厚灿烂的文化。突出安排了“历史文化名城”“西山永定河文化带”“大运河文化带”“长城文化带”四个系列内容。资料大部分是取自新编北京志并进行压缩、修订、补充、改编。也有从已出版的北京历史文化读物中优选改编和针对一些重要内容弥补缺失而专门组织的创作。作品的作者大多是在北京志书编纂中捉刀实干的骨干人物和在北京史志领域著述颇丰的知名专家。尹钧科、谭烈飞、吴文涛、张宝章、郗志群、姚安、马建农、王之鸿等，都有作品奉献。从这个意义上说，这套丛书中，不少作品也可称“大家小书”。

总之，擦亮北京“金名片”，就是使蕴藏于文明古都丰富多彩的优秀历史文化活起来，使充满时代精神和首都特色的社会主义创新文化强起来，进一步展现其真善美，释放其精气神，提高其含金量。

2017 年 11 月

目录

CONTENTS

概　述

北京的西山，为太行山北端余脉，峰岭连延、林海苍茫、烟光岚影、四时俱胜。数百年来，人们为它四时的景色所倾倒流连其间，留下诸多题咏。最为今人熟悉的便是徐志摩的诗句：北京的灵性，全在西山那一抹晚霞。

但凡对人文历史的追述，都要从产生不同人文现象的地理生态环境开始。深受人民群众喜爱的、美丽的北京植物园亦是如此。

北京植物园位于北京著名的西山风景区寿安山之阳的卧佛寺地区。地理坐标为北纬40° 0′ 21″，东经116° 11′ 38″。规划四至：东至马武寨，北至三柱香，西至黑石包，南到香颐路。为燕山山脉与平原过渡地带，属暖温带大陆性季风气候，四季分明，春秋短，冬夏长。

因为东、北、西三面群山拱卫，山前为丘陵台地和平原，北京植物园的山地面积占总规划面积的五分之三。园内的樱桃沟水源充沛，溪流穿谷而过，这种自然地理环境，形成了北方少有的温暖湿润的特殊小气候。这种气候更利于多种植物生长，春天鸟语花香，夏季晴云碧树，秋日树叶如丹，冬时积雪凝素。因此，这里自古就受到帝王和士人的喜爱。自唐代开始，历代王朝在此营建行宫别院，鼎盛时几十个寺观遍布沟谷、台地使这里成为游览胜地。不仅帝王的銮舆经常光临，文人墨客也多来踏青郊游，百姓进香祈福路不绝履，这种兴盛随朝代更迭起落，一直延续到清朝末期。卧佛寺地区经过千余年的流变，形成了深厚的人文积淀。

也正是这种特有的地理生态条件及人文历史，西山卧佛寺地区在中华人民共和国成立之初，就成为由国务院批准的、建设“北京植物园”的最佳选址地。

国际上对植物园的选址十分重视，首先要满足一座植物园的专业任务和功能。从专业的角度，它应该能够具备践行树木栽培学、保护生物学、栽培品种的基本条件。这些条件十分苛刻而全面，包括：保护与保存、树木学、环境影响评价及教育、民族生物学研究、野外基因库、标本馆研究与植物分类学、园艺学研究、新的作物遗传资源的引进和评价、观赏园艺和花卉栽培、植物再引种和生境恢复研究、污染控制及监测、野生植物研究、种子及植物组织贮存等。另一个方面，一座植物园还担当着重要的社会角色，因而从社会学的角度，它要满足公共休憩、旅游、迁地与就地保护及其管理等，发挥在构建和谐社会、提高人们幸福感上的应有作用。

世界上任何一座植物园的建立与发展，以及其功能的逐步完善，都需要一个漫长的过程。彼此间的学习与借鉴，使得每一座植物园既有着科学内核的共性，同时又彰显着各自不同的特点。

北京植物园 1956 年经国务院批准并拨专款建园，由树木园、专类园、展览温室为主的现代植物园以及卧佛寺、樱桃沟、曹雪芹纪念馆等人文名胜古迹两大部分组成。全园总规划面积 400 公顷，已建成开放游览区 200 公顷，自然保护试验区 200 公顷。经过 60 余年的建设，北京植物园已成为集科普、游览和科研为一体的国家重要的植物园之一。其丰富的历史人文景观以及蕴藉其中的深厚的传统文化内涵，其层峦叠翠、绿树晴云、清幽静雅的自然野趣更使之成为北京近郊难得的“桃源仙境”。

植物园的发展建设，折射了一个国家、一个民族的科学精神，反映了人们对自然界的认知和与之相处的态度。因而对植物园历史的追溯，是科学与人文两大学科的必然结合。那些在不同的历史时期、不同条件下为之奋斗的先行者，也应为后人铭记。

关于在北京兴建植物园的肇始，要追溯到清朝。清光绪二十六年（1900），光绪帝下诏振兴农学，开始推行西方近代农业技术。光绪三十二年（1906），成立清农事试验场，设苗圃、温室，引种农作物、药用植物等。1925 年，国立北平研究院植物研究所建立小型植物园，是为北京最早的植物园。

1951 年，中国科学院植物研究所在西郊公园建立植物园苗圃，收集植物种苗进行小规模试验。

1954 年，“中国科学院植物研究所北京植物园苗圃”正式挂

1956年国家植物园规划红线图

规划红线

牌。同年，植物园10名青年科技人员黎盛臣、吴应祥、董保华、张应麟、阎振茏、王今维、王文中、谢德森、孙可群和汪嘉熙联名写信给毛泽东主席，请求解决植物园永久园址问题，并很快得到批复。

1954年4月5日，中国科学院致函北京市人民政府提出：首都一定要有一个像苏联科学院莫斯科总植物园一样规模宏大、设备完善的北京植物园，以供试验研究、教学实习以及广大劳动人民和国际友人参观。面积需5000亩~6000亩，园址以玉泉山和碧云寺附近为宜。12月14日，北京市人民政府复函科学院，同意在卧佛寺附近划定8000亩，在香颐路以南划定1000亩，作为北京植物园的永久园址。

1956年5月9日，中国科学院和北京市人民委员会联合行文，上报国务院申请筹建北京植物园，由中国科学院和北京市人民委员会共同领导。5月18日，国务院批准设立北京植物园，由中国科学院植物研究所和北京市人民委员会园林局共同领导，建设经费560万元。10月，钱崇澍代表中科院、刘仲华代表北京市人民委员会签署了《中国科学院、北京市人民委员会合作筹办北京植物园合约》。

1957年，中科院植物所和北京市园林局共同组成了“专家规划设计委员会”，对待建的北京植物园进行了总体规划设计。规划明确香颐路以南为植物园的试验区，香颐路以北是植物园的开放游览区。

1955年至1959年陆续征用建园用地8500亩，其中南园

1400 亩作为科研基地，北园 7100 亩作为科普用地。1960 年下半年，由于受到国民经济宏观调控的影响，植物园建设停滞，560 多万元的专款只花了 154 万元,余款被冻结上缴。"南植"与"北植"的全面合作关系中断，自然形成两个不同隶属的单位（前者属于中国科学院植物研究所，后者属于当时北京市园林局），从此单独运作。

从 1962 年到 1979 年，植物园的土地和树木受到很大破坏。1978 年 11 月 1 日，北京植物园恢复建设。1980 年，北京植物园重新制定规划,开始建园。1987 年,北京植物园正式对社会开放。

十一届三中全会以后，北京植物园被国家和北京市列为重点建设项目，先后建设了牡丹园、芍药园、碧桃园、丁香园、木兰园等多个专类园，树木园的银杏松柏区、槭树蔷薇区等已基本完成建设。20 世纪 90 年代北京植物园建成低温温室，2000 年建成具有国际水平的热带植物展览温室。北京植物园还实施集水、蓄水工程，建成了 6 个人工湖和从樱桃沟水源头顺地势蜿蜒而下的 2600 多米的溪流。国家级文物保护单位十方普觉寺经过多次修缮，得到了很好的保护；曹雪芹纪念馆于 1984 年建成开放，使得园内新增加了一个具有文化影响力的景点；樱桃沟自然风景区景观提升与改造工程，涵养和恢复了被破坏了的自然环境，已经多年未见的动植物开始回归。水源头退谷亭、一二·九纪念广场、石桧书巢、红星桥周边等多处景点的修缮，使得樱桃沟呈现了"在自然中见人文，在人文中赏自然美景"的多方效应。

2009 年普查，全园木本植物 986 种（品种）68619 株，骨干树种 28 种 43365 株，占总量的 63%。现开放的 200 公顷面积，收集展示各类植物 1 万余种，是国内重要的植物资源收集保存基地。最为著名的桃花园收集展示桃花品种 70 余个，是世界观赏桃品种最多的专类园。北京植物园的标志性建筑“展览温室”展示热带、亚热带以及各类珍奇植物 3200 多种。一年一度的北京桃花节成为北京市民春天踏青赏花的首选。北京植物园被评为国家 AAAA 级旅游景区，是中国生物多样性保护示范基地和国家重点公园。

北京植物园科学研究工作主要集中在植物的引种驯化研究、园林植物育种研究、植物栽培技术研究、植物病虫害防治、自然保护和生物多样性保护研究等领域。截至 2016 年，共完成科技论文 113 篇；承担国家和市、局科研项目 73 项，获得各类奖励 46 次；有 8 项科研课题获国家专利；从国内外引种植物 10000 余种（含品种）。北京植物园与 22 个国家和地区的 50 多个植物园建立了植物种子交换业务，其中许多种类已经推广到全国城市园林绿化中。

北京植物园 20 世纪 60 年代就开始了海棠种质资源收集研究工作。改革开放后，北京植物园又承担了苹果属植物引种、繁殖、推广及 DNA 指纹分析等多项课题，建立了海棠品种引种成功标准，在全国大力推广海棠的新品种，并多次获奖。通过以郭翎为代表的专业技术人员孜孜不倦的追求，北京植物园的海棠园共收集苹果属各种海棠种及品种 80 余种，并于 2013 年获建设部颁发的“全国最佳植物专类园”称号。

近几年，北京植物园在国际上的影响力正在逐步加强。2014年2月，北京植物园被国际园艺学会下的“命名与栽培品种登录委员会”正式委任为海棠的国际栽培品种登录权威，北京植物园教授级高工郭翎被任命为国际观赏海棠栽培品种的登录专家。中国虽被称为“花园之母”，但是来自中国的世界流行花卉及园艺植物牡丹、月季、萱草、鸢尾、玉簪、菊花、木兰等的国际登录权却由西方国家的专家负责。北京植物园获许成为海棠品种登录国际权威，海棠的国际身份证首次由中国人颁发，为国家争得了荣誉。

科学普及是北京植物园重要的社会功能之一，植物园始终把普及植物科学知识、宣传植物多样性保护和环境保护等当作首要任务。为了加强科普工作，率先在国内植物园建成植物科普馆，建设科普画廊，购进先进的科普设施，利用现代化科教手段开展植物科普讲座、知识竞赛、专家咨询等活动，普及科学知识。

植物园努力增加植物种类，并利用特色花卉举办赏花活动。科普工作者重视植物名称牌和说明牌的制作与悬挂，让来园游览的客人，能够一目了然地了解植物的名称和科属。

北京植物园的科普工作得到了社会的认可，曾多次被授予北京市科普工作先进单位称号。2008年，北京市科学技术委员会授予“北京市科普教育基地”，北京市教育委员会授予“北京市青少年校外活动基地”，中国生物多样性保护基金会授予“中国生物多样性保护基地”称号;2009年,中国科学技术协会授予“全国科普教育基地（2010-2014年）”称号；2012年，获得“北京市首批环境教育基地”称号。

建园 60 多年,北京植物园一直与时俱进。2014 年成立了“北京市花卉园艺工程技术研究中心”，中心以花卉园艺产业化关键技术为核心，利用现代技术，系统研究花卉新品种培育和特色花卉植物的开发利用，构建花卉园艺产业学研体系。虽然成立仅三年，就培育了 9 个新花卉品种、25 个北京市良种；实现年处理绿化垃圾 20000 立方米；完成花卉应用展示区 12 个；大型专题花展 18 次；收集国内外种质资源 2476 个种（品种）; 实现直接产值 10 亿元, 取得新优品种引种驯化、科技转化、对外合作与交流、培训与试验基地多方面成绩，获得省部级科技奖励，北京市科学技术奖二等奖 1 次、三等奖 1 次、行业协会奖项 8 个，为首都的绿化美化做出了巨大贡献。

植物园是人们接触现代植物文化最好的地方。截至目前，北京植物园共举办“桃花文化节”29 届,“月季文化节”10 届,“菊花文化节”9 届，“兰花文化节”14 届等，同时承办了“北京国际旅游文化节”闭幕式、曹雪芹文化艺术节、纪念中国人民抗日战争暨世界反法西斯战争胜利 70 周年等诸多文化活动。

每年春季举办的“桃花节”是植物园举办最早和深受广大市民喜爱的活动。自 1989 年开始，至今已经成功举办了 29 届。第一届桃花节，展示的桃花品种只有千余株、二三十个桃花的种和品种，主要展览区也仅限于碧桃园。目前桃花节展示的种和品种已经达到 70 余个，数量达到几万株。每值春季，各色碧桃满园盛开，桃花节已经成为北京市民观赏桃花的传统节目。

整个春天，植物园内各个专类园繁花次第开放，形成了花的海洋。元旦前后，卧佛寺的蜡梅就吐露幽香；早春二月，山桃花初绽笑颜；接着迎春、连翘、榆叶梅、碧桃、郁金香、丁香、牡丹、玉兰、海棠、芍药、月季、紫薇，还有各种引种花卉点缀其间，这场“花的盛宴”从开春可以持续到 11 月中旬。到植物园赏花，到大自然中休闲游览已经成为人们最为喜爱的项目。

植物园秋季活动是“菊花展”。每年的国庆节期间，盆景园的品种菊展和满园灿烂绽放的菊花，装扮出一个绚丽的秋天，成为北京秋季除赏香山红叶之外的又一个群众喜爱的活动。

北京植物园历史文化丰富，卧佛寺、樱桃沟、曹雪芹纪念馆等景点，包括了唐代寺庙文化、清代历史文化、红楼梦文化。园内还有民国时期的名人墓，也是人们了解历史的一个途径。这些历史文化内容，是北京植物园有别于世界上其他植物园的文化标识，让人们在游览植物园自然景观时，增加了文化的厚度。

目前植物展览区、名胜古迹区和自然保护区组成的开放游览区 200 余公顷，形成了山水相依、自然和谐的景观风貌。北京植物园科学丰富的观赏内容和清新可人的生态环境，越来越受到群众的欢迎。

此外，植物园还开展了诸多活动，例如：丰富而有特色的植物收集，高超的园林园艺展示，开展物种保护和植物利用研究的科学研究。高水平的科学研究设施和研究人才以及研究成果；丰富多彩、内容多样的科普教育活动；优美的园容景观，功能完善的服务设备；广泛的国内、国际交流合作，使得这座既古老又年轻的植物园，焕发出与时代相辉映的光彩。

北京植物园年接待游客 400 余万人次，成为世界上游人量较多的植物园之一。北京植物园为全国科普教育基地、中国生物多样性保护示范基地、全国野生植物保护科普教育基地、全国青少年科普教育基地、北京市科普教育基地。2002 年被评为国家 AAAA 级旅游景区。2002 年通过了 ISO 14000 环境管理体系和 ISO 9000 质量管理体系双认证，并荣获北京市精品公园称号。

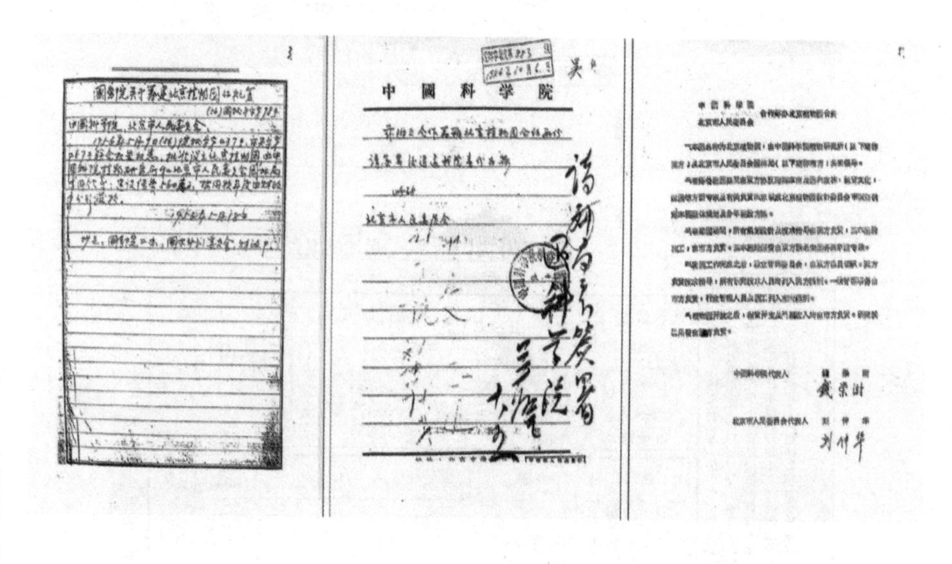

中國科学院

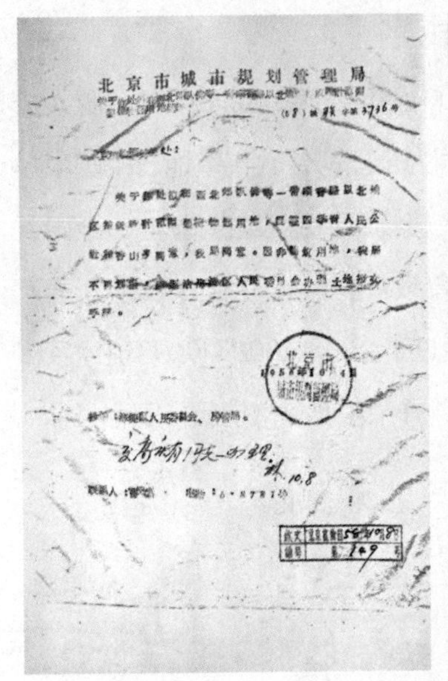

北京市城市規划管理局

关于[illegible]

(58)規联字第3716号

[illegible]处：

关于你处拟在西北郊卧佛寺一带[illegible]以北地区[illegible]植物园用地，[illegible]四季青人民公社香山乡同意，[illegible]。[illegible]，我局不再划拨，[illegible]海淀区人民委員会办理土地[illegible]手續。

1958年10月4日

抄送：海淀区人民委員会、[illegible]。

联系人：[illegible] 电話：6·8781

收文	北京植物园 58年10月8日
编号	第149号

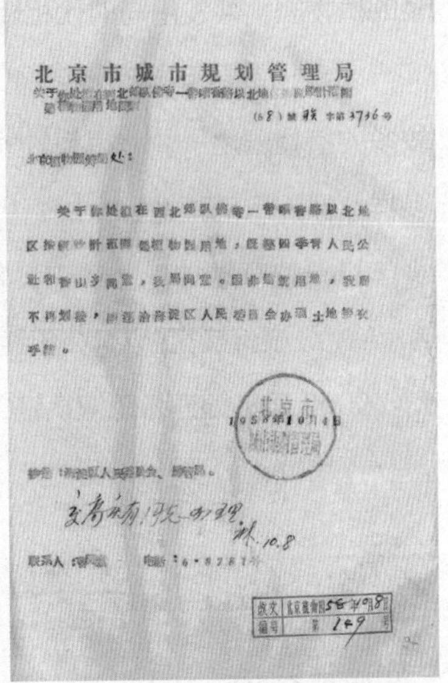

北京市城市規划管理局

关于[illegible]

(58)規联字第3716号

[illegible]处：

关于你处拟在西北郊卧佛寺一带[illegible]以北地区[illegible]植物园用地，[illegible]四季青人民公社香山乡同意，[illegible]。[illegible]，我局不再划拨，[illegible]海淀区人民委員会办理土地[illegible]手續。

1958年10月4日

抄送：海淀区人民委員会、[illegible]。

联系人：[illegible] 电話：6·8781

收文	北京植物园 58年10月8日
编号	第149号

北京市建設（　　）房地結案表

1959年　月　日結案

填表說明

1. 表列各栏数字需根据各項領收凭証及原始調查的綜合一一填写精确。
2. 此案是征用或临时使用者請在本表头（　　）內註明。
3. 安置情况中不用安置的包括自行紧缩及公社解决以及自行找房等。
4. 此表由用地单位填写，于土地及房屋地上物等評价后可綜合填报，在发价后会同領收凭証一併报区审核盖章并办结案手續。

处理情况		土地（亩）計	土地（亩）其中私有
土地	計	6000 亩	293 亩
土地	菜地	亩	亩
土地	旱水地	亩	亩
土地	其他生产地	820.5 亩	293 亩
土地	非生产地	5179.5 亩	亩

实拆除房屋		
	涉及总户数	12 户
房屋	总間数	58.5 間
房屋	其中私产	46.5 間
迁移人口	总人口	50 人
迁移人口	其中中小学生	人

地上物		
迁坟	回民	200 座
迁坟	其他坟	1800 座
迁坟	其中火葬	座
迁坟	其中深葬	座
青苗		12 亩
树木		1698 棵

安置情况		計	住户	工商户	机关、学校、团体、企业等
計	户数	12	11		
計	間数	42			
計	人口数	50			
安置用平房	户数				
安置用平房	間数				
安置用平房	人口数				
安置用楼房	户数				
安置用楼房	間数				
安置用楼房	人口数				
不用安置	户数				
不用安置	間数				
不用安置	人口数				

批准日期一九五八年10月21日規聯字第3716号

区人民委員会　　人民公社或乡街人民委員会盖章　　用地单位 筹备　經办人 电話

植物天地

人类与植物有着密切的关系。人虽然是万物之灵，但是人类的生活离不开植物。在生物圈中，植物常被称为第一生产者，人、动物和某些微生物都直接或间接以植物为食。植物是人类重要的建筑材料；植物中的纤维植物是人类生活中的重要资源，我们的服装和纸张原料大多来自纤维植物。植物还是人类的“绿衣大夫”，很多植物还可以直接入药或从中提取有效成分制成药物。丰富的绿色植物是生命的源泉和象征，可以说，没有植物就没有人类。

树木园

树木园位于北京植物园东区，面积44.9公顷，是植物园的主体。它根据树种的生态要求，以属为布置的基本单元，以重点属为骨干，相对集中，分区展出。在规划上分为不同植物风貌的七个大区，即：银杏松柏区、木兰小檗区、槭树蔷薇区、椴树杨柳区、悬铃木麻栎区、泡桐白蜡区和引种驯化试验区。

七大区有序地组成植物园最大范围、最有气势的主体。截至

2016 年底，已经建好的区域有银杏松柏区、木兰小檗区、槭树蔷薇区、椴树杨柳区。悬铃木麻栎区、泡桐白蜡区和引种驯化试验区虽然尚在建设中，但已经具备植物景观效果，供游客游览。

树木园的主要任务是收集、栽培以“三北地区”（东北、西北、华北）为主的、种类繁多的木本植物，培育、驯化和推广优良品种，向广大参观者展示中国丰富的植物资源，普及植物科学知识。这与北京植物园的科研、科普任务息息相关。

引种驯化工作是北京植物园担负的基础科研任务之一。其工作内容是“变外地为本地，变野生为栽培，丰富本地的植物种类，把引种成果通过试验和示范生产介绍给生产单位。通过快速育苗方式向生产单位提供种子和苗木”。1972 年，北京植物园开始了引种驯化工作，多年来北京植物园收集了大量森林树种，特别是侧重对园林树种的引进和驯化。引种范围以“三北地区”为主，同时顾及长江流域下游省市，国外则以北美、东欧、北欧为种苗来源。根据建园及首都绿化的需要，集中引种了裸子植物、竹亚科、木兰科、杉科、丁香属等植物，开展了小檗属、栒子属及多种花卉植物的引种驯化工作。

树木园的建设不仅与植物园的初创、停滞、恢复、发展的几个阶段息息相关，又在三次大的规划变化中做过多次调整。在 1957 年的第一次规划方案中，树木园占地面积 133.3 公顷，占植物园规划总面积（400 公顷）的 33%；占游览总面积（200 公顷）的 67%，以大而全的恩格勒植物进化系统排列，称为系统树木园，分为：白蜡、忍冬、五加、柿树、杜仲、鼠李、柽柳、瑞香、卫矛、小檗、蔷薇、银杏、胡桃、七叶树、芍药、木兰、泡桐、松柏、槭树、椴树、槐皂、椤树、桑榆、杨柳、壳斗和桦木 26 个区。

1956 年至 1960 年初创期内，先后在 26 个区域内栽植乔灌木 2.36 万株，栽植芍药 5 种 359 株，“文化大革命”中，除白蜡区、松柏区、杜仲区等少数分区所栽植物基本保留外，其余各区均破坏严重，个别地区仅留存一些树木，且有些树木已开始老化。20 世纪 70 年代初，为减少土地流失和生活需要，植物园在原规划的松柏区、槭树区、蔷薇区等处，大量种植了商品果树和高粱、玉米、大豆、白薯等粮食作物，山地部分还建造了“大寨式”梯田。

在 1976 年的第二次规划中，树木园规模缩小，面积调整为 53.3 公顷。在 1979 年至 1982 年完成的第三次规划中，树木园确定了以收集、栽培、展示北京地区能露地越冬的树木原种为主，兼顾品种。裸子植物按郑万钧分类系统布置，被子植物按克朗奎斯特系统进行分区布置，总共六大分区，总占地面积为 44.9 公顷。

1983 年，树木园开始了大规模的区划建设，充分利用本园引种驯化成果，大量栽植新优树种，调整了原有树种，使植物配置更合理，景观效果更鲜明。从此，树木园走上切合北方植物园实际的道路，一改过去荒凉面貌，逐步形成了自己以重点属为骨干的、风格各异、特色鲜明、空间开阔、雄浑粗犷的特色，展现了一座现代北方植物园的风采。

1988 年，北京植物园完成了 300 余种引种树木驯化栽培试验，优选出了杂交马褂木、望春玉兰、什锦丁香、平枝栒子、朝鲜小檗、矮紫杉、北美香柏等 24 个性状良好，具有观赏价值、适宜北京水土气候的树种，作为北京园林绿化推荐树种，为北京的城市绿化美化工作做出了具有较大影响力的贡献。同时这些优良品种使得园容园貌有了巨大改观，增加了对游人的吸引力。

2016 年 4 月 1 日，北京植物园品虹、品霞两个桃花新品种在第二届中国国际园林植物品种权交易与新品种新技术拍卖会上成功拍卖。品虹、品霞分别以 9.5 万元和 60 万元落槌成交，这是继 2015 年金园丁香以每枝 250 元的价格成功拍出 100 枝接穗之后，植物园又一次成功转化自主知识产权，在探索科学技术生产力上做了成功尝试。这种尝试，对推动京津冀园林协同发展具有重要意义。

品虹

品霞

金园

树木园内散落着一些名胜古迹，如清乾隆时期的石碉楼、曹雪芹纪念馆、梁启超墓园、任北洋政府黎元洪时期总理的张绍曾的墓地等。这些名胜古迹为树木园增添了浓厚的历史文化内涵，让人们在享受自然美景中，得到了文化的熏陶。园中的听涛亭、澄碧湖、揽翠轩等景点和园林小品，既是人们休憩、调整游览节奏所需，也为树木园增加了现代园林的气息。

2003 年，植物园扩建了三个人工湖，三个湖面自北向南贯穿整个树木园，水分滋养了沿岸的众多植物，湖中的水生植物茂盛生长，四季景观皆佳。植物园形成了依山傍水、兼山融水的优美景观。北湖湖面宽阔，东西两侧两座清代的碉楼遥相呼应；中湖东侧是曹雪芹纪念馆所在的黄叶村，西侧是现代的展览温室，历史与当下隔湖对话；南湖狭长，呈东西走向，自东向西行，抬头可见西山横亘。两侧湖岸蜿蜒，十步一景，步移景换，兼之大自然春风秋雨、阳光晨昏变换，自春至秋，美景连连，动人心魄。

树木园的建设是一个不断持续和完善的过程，目前银杏松柏区、木兰小檗区、槭树蔷薇区、椴树杨柳区、泡桐白蜡区基本建成，每个区域自然衔接有各具特色，令人流连忘返。规划中的悬铃木麻栎区尚在落实规划用地中。

银杏松柏区

银杏松柏区位于北京植物园东北部的近山台地，占地 8 公顷，收集栽培了 7 科 20 属 90 余种裸子植物。整个区域除银杏松柏外，还有配景树 2000 余株，栽培草本花卉面积达 8 万平方米。

该区基址为 1957 年规划的系统树木园中的松柏区，除建园初期栽植的油松、桧柏、白皮松、云杉等十余种树木外，历史上自然村落里的原有树木和梁启超墓、乾隆时期的石碉楼附近的古槐及常绿树，成为这一区域绿化的基础。这些古树经年历久，古朴沧桑，为现代植物园增添了古老的风韵，扩展和延伸了人们游览欣赏的空间。

银杏松柏区地势复杂，沟深坡陡，石堰纵横，被山洪切割凌

独木成景的银杏

乱的台地高低错落，因而最初对该地区的改造建设带有修复自然地貌的意义。经过多次扩建、补充、完善，到 1988 年全部建成。

建设好的树木园顺应自然地势，变冲沟为谷地，变沟坎为坡麓，形成了以缓坡为主，岗阜、沟崖、沟谷、麓坳等多种地貌起伏变化,浑然一体,为植物引种栽培营造了适宜的环境,创造了“虽由人作，宛自天成”的自然景观。

银杏松柏区收集栽培了 7 科 20 属 90 余种裸子植物，成为北京地区松柏类树种比较集中的地方。松柏树树形雄伟高大，四季常青，给人庄严肃穆之感。如果整个区域统一在这个氛围里，会令游人失去轻松愉快之感。因此除银杏松柏外，还安排栽种了多种观赏效果好的配景树，并在林间草地点缀花卉，形成了以常绿针叶树为主体，银杏、玉兰、合欢、火炬树穿插其间，四季呈现出以松柏绿为底色，应时花卉色彩纷呈的景观效果。

在树木园游览，游客可用心体会园林设计师利用林缘线、天际线营造的疏密有致、张弛结合的韵律变动，在自然、壮观中体会造园师细腻的匠心所在。

银杏又名公孙树，落叶大乔木，是我国特有种子植物中最古老的孑遗植物，又被称为“活化石”。因为它的珍贵性，被国家列为重点保护植物之一。银杏树的寿命很长，潭柘寺、大觉寺、植物园内的卧佛寺都有上千年树龄的银杏存活。

大株银杏树姿伟岸，有参天之态，其树干为优良木材。银杏的叶子呈扇形，春夏呈绿色，秋季呈金黄色，叶片在秋风中飒飒闪动，如金蝶翻飞，飘落时更是绚丽多姿，令人赞叹。

高大伟岸、苍劲不阿的松柏在中国人的审美中，自古被赋予了崇高的人格象征。历代诗人在不同的历史时期，从未间断过对松柏高洁的咏颂。

孔子在《论语》中赞颂说："岁寒，然后知松柏之后凋也。"

汉代的杜笃赞颂松柏高超不凡的诗句有"长松落落，卉木蒙蒙"；《说苑》中有"草木秋死，松柏独在"的诗句。

陶渊明《饮酒二十首（其八）》中赞颂松柏遗世独立的样子说：连林人不觉，独树众乃奇。

唐代诗人辈出，几乎所有的大诗人都有咏颂青松的诗歌传世。大诗人李白有《南轩松》"何当凌云霄，直上数千尺"的诗句。

岑参在《感遇》中有"君不见拂云百丈青松柯，纵使秋风无奈何"的诗句。杜甫有一首全诗未见一个"松"字的写松的诗：

落落出群非榉柳，青青不朽岂杨梅？

欲存老盖千年意，为觅霜根数寸栽。

这首诗以衬托手法写出了青松与榉树、柳树、杨树和梅树之不同，突出了松树的落落出群和青青不朽。

唐代大诗人白居易十分喜爱松树，为能天天见到它，亲自在庭院栽种松树，并写有《栽松二首》：

其一

小松未盈尺，心爱手自移。

苍然涧底色，云湿烟霏霏。

栽植我年晚，长成君性迟。

如何过四十，种此数寸枝？

其二

得见成阴否，人生七十稀。

爱君抱晚节，怜君含直文。

欲得朝朝见，阶前故种君。

知君死则已，不死会凌云。

诗人种这些“未盈尺”的小松已年过四十，等到它们成阴时，可能快要七十岁了。但是诗人欣赏松树的苍茫本色，坚贞耿直，保持晚节的品格，诗中极度喜爱之情溢于言表。

最为奇特的是松枝还可以代替柳枝送别行人。我国汉代有折柳赠别的风俗，唐代人也往往折柳赠别，但是唐代诗人岑参却以松枝相赠。他的七言歌行《天山雪歌送萧治归京》描绘了北国的严寒与奇瑰的雪景，抒发了诗人深切真挚的别情：

正是天山雪下时，送君走马归京师。

雪中何以赠君别，惟有青青松树枝。

岑参在冰雪覆盖、万里云凝的塞外送客，无柳可折，代之以“青青松树枝”，一则松树具有傲霜凌雪的品质，二则青松象征着友谊长青，此物相赠，可谓言有尽而意无穷。

宋代文学家苏轼酷爱松树，在青少年时期就开始在家乡附近的山冈上种植松树：“我昔少年日，种松满东冈。初移一寸根，琐细如插秧。”（《戏作种松》）“老翁山下玉渊回，手植青松三万栽。”（《送贾讷倅眉》）

诗中写出了自己从少年到老年亲手种植松树的情形。“手植青松三万栽”，极为夸张地写亲手植松之多，表现了对松树的喜爱之情。苏辙还有“寒暑不能移，岁月不能败者，惟松柏为然”（《服茯苓赋》）的名句。

明代名将兼爱国诗人于谦在给爱妻的信中有“岁寒松柏心，彼此永相保”，是人用严寒松柏的坚贞节操来比喻夫妻感情，很是动人。

清代诗人陆蕙心写有《咏松》诗，表现了松树的品质与精神：

瘦石寒梅共结邻，亭亭不改四时春。

须知傲雪凌霜质，不是繁华队里身。

陆蕙心笔下的青松，用其坚韧的品质，在冰雪中锻造着瑰丽卓绝的风景，它们与瘦石、寒梅为邻，一样清瘦超逸，犹如雪中的高士，重岩之上，著青衫，立于雪，云为笠，风为蓑，铁骨丹心，傲雪凌霜，远去红尘，高韵淡然，他的诗堪为咏松佳作。

清代的康熙皇帝十分喜爱青松，他有一首咏盆景松的五言诗：“岁寒坚不凋，秀萼山林性。移根黻座傍，可托青松柄。”意思是说，青枝秀萼的盆景松保持着山林中的本性，把它移到帝座旁，可供我托在掌中把玩。

风吹松间，因松树品种不同和风力大小差异，会发出变幻莫测的乐音。因此古人“不爱松色奇，只听松声好”，把听松声作为雅事。明代画家唐伯虎有一幅《山路松声图》，画中描绘一山高耸，有一泉水自山腰逐级而下，汇入河中。山脚有一小桥跨泉连接山路，桥上两人，老者仰首侧耳，似听泉流松声，一童携琴随后。泉畔是茂密的松林，枝干虬曲，藤蔓缠身，微风吹过，松涛阵阵。本幅右上有自题：“女几山前野路横，松声偏解合泉声。

试从静里闲倾耳，便觉冲然道气生。”

陈毅元帅的诗句“大雪压青松，青松挺且直。欲知松高洁，待到雪化时”更是直接赞美了松柏不畏严寒的高贵品质。

人们到银杏松柏区还有一个乐趣，就是辨认不同品种的松柏。乍一看，松柏一片苍翠，但是当你仔细辨认，会发现有着很大的区别：雪松，主干向上耸直，侧枝平展，姿态因雄、雌而有刚劲和柔媚之别；白皮松，树姿挺拔，疏枝横展，身披白甲，宛若银龙；华山松，冠形优美，针叶为“五针一束”；赤松，有“烟叶葱茏苍麈尾，霜皮剥落紫龙鳞”的诗意；杜松，树冠如圆柱，树叶似钻形；圆柏，树形似尖塔，鳞叶刺叶同生一株；龙柏，形如其名，侧枝扭转着向上，若游龙盘旋；还有枝条贴地的鹿角桧和铺地柏。山风阵阵，这些绿色的树们便摇枝合唱出一首豪迈的歌。

银杏松柏区

每值仲秋，松柏葱郁，银杏金黄，槭树火红，景色宜人。而冬季大雪初霁，是银杏松柏区最佳游览时机，其美景如梦如幻，童话世界一般。

银杏松柏区的设计获 1994 年首都绿化美化设计一等奖，获 1995 年度城乡建设部优秀设计三等奖。银杏松柏区内景点有雪松大道、听涛亭、梁启超墓园、红松谷、紫杉坪，每一个景点都有着耐人寻味的特色，需要游览者细细品味。

椴树杨柳区（绚秋苑）

北京的秋色是最绚丽的。

老舍先生在《北平的秋天》中有美丽的描写："中秋前后是北平最美丽的时候。天气正好不冷不热，昼夜的长短也划分得平均。没有冬季从蒙古吹来的黄风，也没有伏天里挟着冰雹的暴雨。天是那么高，那么蓝，那么亮，好像是含着笑告诉北平的人们：在这些天里，大自然是不会给你们什么威胁与损害的。西山北山的蓝色都加深了一些，每天傍晚还披上各色的霞帔……

"北平之秋就是人间的天堂，也许比天堂更繁荣一点呢！"

北京植物园内的绚秋苑，就是呈现比天堂更繁荣的秋天景观的地方。

椴树杨柳区位于中轴路东侧，北接碧桃园，西临盆景园，南达月季园，东抵东环路，占地 6.16 公顷，1988 年秋对外开放。从内容上分，该区由绚秋苑和曹雪芹纪念馆两大部分组成；从植物的归属分，该区称椴树杨柳区；从植物及景观的观赏效果看，该区又称“绚秋苑”。

“绚秋”一词取自园中多植观赏秋态的植物，除椴树杨柳特定的种类外，还植有大量北京地区有代表性的秋季观叶、观果乔灌木，如柿树、元宝枫、银杏、金银木等。每至秋风西来，寒意渐生之时，园内各种植物的季相色彩斑斓，满园锦绣，绚丽多姿，不让春光。又因香山二十八景中有“绚秋林”一景，深秋时节，绚秋苑与香山漫山的黄栌相互辉映，堪为对景，着意渲染了西山秋色的绚丽，这是“绚秋苑”名称的又一取意。

绚秋苑风格简约质朴，其特点是科学内容与园林外貌相结合，人文景观与自然风光相融汇，利用丰富的植物材料和多种配植形式，结合地势、水系、山石、建筑等因素，以群山拱护为依托，

树木园秋色

创造出一系列以植物为主题的景点、景区，突出了秋色的绚丽；同时又兼顾春、夏、冬三季景观，并将曹雪芹著书黄叶村为主题的人文景观融汇其间。曹雪芹纪念馆在椴树杨柳区的东部，有木栏围圈成相对完整独立的景区。保留完好的一段清代“河墙”自北而南穿过。河墙沿线植柳茂密，春如丝绦，秋笼轻烟，是植物园内幽雅怀古的一胜景。

黄叶村村口

椴树，别名火绳树、家鹤儿、金桐力树、桐麻、叶上果、叶上果根等，为椴树科椴树属的植物，是中国珍贵的重点保护植物。椴树高多在 20 米左右；树皮灰色，直裂；小枝近秃净，顶芽无毛或有微毛；叶宽卵形；聚伞花序长，无柄，萼片长圆状披针形，花期为 7 月；果为球形；分布于北温带和亚热带。

椴树的材质白而轻软，为优良用材树种。其纹理纤细，是制造胶合板的主要材种，又可制作箱柜或用于木刻，还可以做木锨、蒸笼、罗圈等各种器具；林区居民大多用它来做切菜的菜板。因其细密轻软，胀缩力小不变形，是建筑上的重要材种，素有“阔叶红松”之称。

椴花很小，每朵花都由五个花瓣组成，柱头五只，中间都含有亮晶晶的蜜汁。椴花蜜色泽晶莹，醇厚甘甜，结晶后凝如脂、白如雪，别有风味，素有“白蜜”之称。椴树蜜比一般蜂蜜含有更多的葡萄糖、果糖、维生素、氨基酸、激素、酶及酯类，具有补血、润肺、止咳消渴、促进细胞再生，增加食欲和止痛等多种疗效，是蜂蜜中的顶级珍品，明清以来，一直是皇家的贡品。

椴树杨柳区有蒙椴、康椴、南京椴、紫椴等十余种椴树，主要是以蒙椴为主。

杨柳科，双子叶植物，有杨属、柳属和朝鲜柳属 3 属，约 540 多种，分布于北温带和亚热带地区。中国 3 属均产，约 226 种，南北均有分布。

杨柳科的植物主要植在椴树杨柳区南部。有毛白杨、银白杨、新疆杨、河北杨、加杨等；柳树多栽于湖边，有垂柳、馒头柳、银柳、龙爪柳等。柳树含水量高，因此有“烟柳”之称。

古人称喜阳耐旱的树为“杨”，常喻男子；称喜阴耐湿的树为“柳”，常喻女子。杨树生长迅速，是最早能形成遮阳作用的树。它高大挺拔，树冠有昂扬之势，有一说这是杨树得名为“杨”的原因。

早在我国的第一部诗歌总集《诗经》中，就有对杨树的描写——《东门之杨》：

东门之杨，其叶牂牂，昏以为期，明星煌煌。

东门之杨，其叶肺肺，昏以为期，明星晢晢。

这是一首古代先人们浅吟低唱的情歌，诗写的是：一个青年和爱人相约，于黄昏在东门相会，把背景放在月光照耀的白杨树下。男的如期而至，可等了很久，却不见爱人的踪影。诗中不直说女子负约，只说明星已闪闪发光，从侧面写出等候之久，盼望之切，很是形象。

茅盾先生于1941年所写的散文《白杨礼赞》，以西北黄土高原上“参天耸立，不折不挠，对抗着西北风”的白杨树，来象征坚韧、勤劳的北方农民，歌颂他们在民族解放斗争中的朴实、坚强和力求上进的精神，立意高远，形象鲜明，结构严谨，语言简练。人们在游览中看到白杨树，会情不自禁地背诵起文中精彩的片段。

植物园科普馆西侧，是杨树集中的地方，株株高大壮硕的杨树在空旷的天空下恣肆生长，十分壮观。杨树林下植有大面积的郁金香。4月中旬左右，郁金香一片花海：红色、黄色、白色、黑色，花海呈大色块展现，与高大的杨树营造出一幅立体的画面，给人们带来强烈的视觉冲击。花开时节，游客如织，一早、一晚为赏花佳时。

柳树是一类植物的总称，包括旱柳、腺柳、垂柳等。柳属多为灌木，稀乔木，无顶芽，合轴分枝，世界大约有520多种，主要产在北半球温带地区，寒带次之，热带和南半球极少，大洋洲无野生种。我国的柳树种和品种有 257 种，122 变种，33 变型。因为柳树适于各种不同的生态环境，不论高山、平原、沙丘，柳树都有着顽强的生命力，只要在适当的时候，在湿润的土地上插入一根柳树的枝条，它就会生根发芽。因此我国各地均有分布。

柳树主要集中在湖边。植物园中湖东侧、黄叶村西侧，沿岸多植柳树。这一带，从樱桃沟水源头而来的引水河墙两侧，历史上就遍植柳树。

而柳树的人文寄托，又给予植物以文化解读。

关于柳树名字的由来，据我国古代传奇小说《开河记》记述，隋炀帝登基后，下令开凿通济渠，虞世基建议在堤岸种柳，隋炀帝认为这个建议不错，就下令在新开的大运河两岸种柳，并亲自栽植。隋炀帝御书赐柳树姓杨，享受与帝王同姓的殊荣，从此柳树便有了“杨柳”之美称。

杨柳婀娜多姿的体态、纤细颀长的枝条，柔情似水的情态，为历代诗人所喜爱。诗人们留下了大量咏柳诗托物咏志，借物抒情，借助“柳”之意象，或抒情怀，或展抱负，或讽时事，使得“咏柳”诗词在中国诗海中的具有独特的艺术魅力。

“柳”字谐音“留”字，古人折柳相赠是送别的一个习俗。一枝柳条，寄予了几多思绪，几多离愁，而轻柔曼妙的柳枝，恰似留在人们心底的缠绵想念。

《诗经·采薇》中“昔我往矣，杨柳依依；今我来思，雨雪霏霏”的咏柳诗句，应该是最早见诸文字的咏柳诗。大意是说想我去的时候，一路杨柳树枝随风飘拂，而今我归来时，却只有霏霏的雨和雪。

在咏柳诗中，妇孺皆知、广为传颂的就是唐朝诗人贺知章的《咏柳》：

碧玉妆成一树高，万条垂下绿丝绦。

不知细叶谁裁出，二月春风似剪刀。

王之涣的凉州词“羌笛何须怨杨柳，春风不度玉门关”，写出了戍边士兵的悲壮、苍凉、慷慨的怀乡情。诗中虽然渲染因戍边不得还乡的怨情，但没有半点颓丧消沉的情调，充分表现出盛唐诗人的豁达广阔胸怀。

杜甫的绝句“颠狂柳絮随风去，轻薄桃花逐水流”总被人们认为是批判女子的轻佻和不羁，其实这是杜甫因忧国忧民心绪纷乱，而桃柳又来添愁助恨的情绪表达。

还有韩愈脍炙人口的：

天街小雨润如酥，草色遥看近却无。

最是一年春好处，绝胜烟柳满皇都。

苏轼借“枝上柳绵吹又少。天涯何处无芳草”抒发宦海无常，但诗人旷达闲适的心胸。

秦观《如梦令·春景》中“依旧，依旧，人与绿杨俱瘦”是点睛之笔。柳絮杨花，标志着春色渐老，春光即逝，同时也是作为别情相思的艺术载体。花落絮飞，佳人对花兴叹、怜花自怜，“人与绿杨俱瘦”以生动的形象表达感情，而“为伊消得人憔悴”的含意自在其中。

陆游的“红酥手，黄縢酒，满城春色宫墙柳”（《钗头凤·红

花海人潮

酥手》）一词，成为千古有情人的哀婉绝唱，博取了多少有情人的同情与泪水。

绚秋苑西南部，中轴路东侧，这一区域内集中栽植了大量秋色叶乔灌木，并点缀秋花秋实，用多种植物造景手法，营造了“秋岚绮树，雾霭绕林”“冷香袭径，金蕊含霜”的绚丽秋景。

“黄叶题诗”景区位于绚秋苑东部，即曹雪芹纪念馆范围。以古槐老屋、黄叶疏篱及河墙烟柳等景物因素，描绘了曹雪芹于贫病中发奋著书的特定环境。与明丽的前景区不同，该区以略显萧瑟的秋景营造了一种肃穆的氛围，用以增强曹雪芹悲剧性人生的感染力。

绚秋苑的北部为人工湖的中湖，面积2.1公顷。湖岸曲折自然，岸边水生植物葱郁。植物园以“秋高气爽，天水澄碧”的中湖为中心，设置了“澄湖揽秀”景点。这里，借景三面群山，小桥和环岸植物在湖水中相映生辉，秋季“碎影涵流动，浮香隔岸通”，充分体现了长天秋水之间，荻花映白，枫叶摇丹，芙蓉照水，柿林如醉的经典秋色，同时在植物配置上兼顾了春夏景观。

湖面东北角一座汉白玉拱桥横跨两岸，桥下有叠石小瀑。此桥是两湖之间的连接点，更是“景观之眼”，游客多以它为背景拍照。

中湖看温室

中湖

中湖小桥

郁金花海

槭树蔷薇区

槭树蔷薇区位于东环路以西，东北与银杏松柏区相交，西邻丁香碧桃园和绚秋苑，南接曹雪芹纪念馆，占地 13.4 公顷。该区处于树木园的中心地带，是北京植物园内面积最大、栽培展示植物最多、观赏树种最丰富的重点区。

该区 1994 年建设完成，收集栽培了蔷薇目、卫矛目、无患子目、山茱萸目、桃金娘目等 10 目 30 科 101 属的 400 多种乔灌木，其中以槭树属、蔷薇属、樱属、山梅花属、七叶树属为主。

该区原有的地形地貌为山前阶梯地的延续，整个地势北高南低，设计人员因势利导，利用山坳坡麓自然变化的韵律，依山就势，因高就低，形成中心开阔平展，四周山峦起伏，高低错落、收放自如，和谐舒展的园林空间。该区的中部是北湖，湖水南部有汉白玉拱桥衔接东西园路，桥下自北向南，层层叠水与中湖相通。湖南侧为自然泊岸,游人迈“踏步石”跃溪水过往,自然活脱,趣意盎然。

环湖园路蜿蜒，四季景观富于变化。湖岸东西两侧，各有一座清代乾隆年间建造的“碉楼”，日升日落，碉楼与古柯虬枝在湖水中与星辉交映，在时光穿越中，感受岁月的永恒。

在植物的配置上，科、属、种相对集中，将花期、色彩、形体、高度相对集中成团、成片或成带状栽植，使其花开一片，色红一线。整个小区在疏林草地的风格中，以丰富的季相色彩，突出展示了专业植物园的植物造景魅力。同时植物生态类型相对集中的配置，也便于植物的养护管理。

槭树科的树种很多，其观赏价值由叶色和叶形决定。著名的观赏树种有：元宝枫、鸡爪槭、红枫等。在众多的红叶树种中，槭树树干高大，独树一帜，春秋佳日，红叶满园，其艳丽不减妖娆群芳，极具魅力，因而是驰名中外的园林树种。中国各地常见不少槭树古木，如无锡太湖边一株树龄500多年的三角枫古树，树高达20米，依然枝繁叶茂，秋叶红艳；著名的佛教圣地，云南宾川鸡足山华严寺内，有一株高达20米的明朝栽植的五裂槭；苏州拙政园紧临小沧浪的明式小院“志清意远”为一独立封闭式小院，池边散植槭树，古树修竹，景色瑰丽。此外，元宝枫、五角枫和三角枫等乔木类是优良的行道树，各地常见应用。槭树也适宜植于瀑口、山麓、溪旁、池畔、园林建筑和各园林小品附近，以资点缀。

从西晋潘岳在《秋兴赋》中有“庭树槭以洒落”之句，说明早在西晋时期，古人已经将槭树栽在庭院中观赏。由黄岳渊、黄德邻编著的《花经》中提到的槭树也有青枫、红枫、垂枝枫、黄金枫（叶薄，色黄若金）、猩猩枫（叶绿，边缘红色）、群云枫（叶淡黄色，上有黑丝）等多种。

槭树花色彩多变，从乳黄色到绿、红或紫色不一。元宝枫为落叶乔木，叶子五裂似人的手掌，花黄绿色，结扁平有翅膀的果，其形状似元宝，故名元宝枫。秋天，元宝枫的树叶呈金色或红色，在湛蓝的天幕下，格外艳丽，是北京秋天里一道独特风景，格外受到人们的喜爱。

鸡爪槭树姿潇洒清秀，枝条细长，横展光滑。叶片掌状，5~9 裂。开紫色花，果实有翅，随秋风翩翩起舞，甚是美丽。

槭树深受历代的文人墨客的喜爱，吟咏描绘之诗文屡见不鲜，但古人常将槭树亦称为“枫”。《花经》里说：“枫（指槭树）叶一经秋霜，酡然而红，灿似朝霞，艳如鲜花，杂厝常绿树中，与绿叶相衬，色彩明媚，秋色满林，大有铺锦列绣之致。”

红枫是著名的赏叶植物，叶子常年为红色，即便有效的植株，其叶片也是燃红耀眼。此树无论种在高大的松柏前，还是孤植在大草坪上，都有着绰约的风姿，耀人眼目。

蔷薇科植物是个大家族，海棠、木瓜、棠棣、杏梅、樱花、碧桃、绣线菊、白玉堂、黄刺梅、美蔷薇等都是这个家族的成员。

这一区域植物种类丰富，从春天植物嫩芽的萌发，到秋天各种种子的成熟，甚至萧瑟冬季里裸露枝干的形态，都是值得细致入微观察的，并从中发现植物审美的丰富性的。

海棠、碧桃、我国古代诗人多有咏颂。木瓜曾在《诗经·国风·卫风》中出现过。此篇是先秦时期卫国的一首描述爱情的民歌，也是现今传诵最广的《诗经》名篇之一。

投我以木瓜，报之以琼琚。匪报也，永以为好也！

投我以木桃，报之以琼瑶。匪报也，永以为好也！

投我以木李，报之以琼玖。匪报也，永以为好也！

这里的木瓜，不是我们现在市场上出售的番木瓜。番木瓜传入中国的时间，最早可以推到唐朝，最晚也应该在 12 世纪初。

这里还有一个有趣的传说呢！《唐语林》记载了这样一个故

事：杭州有个郡守为朋友饯行，有人送来一个番木瓜，大家都未见识过，就好奇地传着赏玩。当时在座的有个太监，他将番木瓜拿在手里不放，说是宫中都还没有此果，应该先进贡给皇帝才是。太监收起木瓜后很快就乘船回京了。郡守为此深感焦虑，怕皇上怪罪下来。他身旁的一个官妓说，您放心吧，不会有事的，估计这个番木瓜过一夜就会被扔到水里去了。不久，送太监回京的人果然回报说，番木瓜第二天就溃烂被扔掉了。郡守问官妓你怎么知道？官妓告诉郡守，番木瓜难于长期保鲜，特别是熟透的番木瓜。那天好多人传来传去地看，用手摩挲它，就更容易坏了。而且番木瓜坏了之后，气味难闻，肯定会被扔掉的。

既然番木瓜是最早在唐代才传入中国的舶来品，那么《诗经》中所记载的“木瓜”又是什么呢？南宋朱熹《诗经集注》中说：“木瓜，楙木也，实如小瓜，酢可食。”《红楼梦》第五回“贾宝玉神游太虚境，警幻仙曲演红楼梦”中，曹雪芹在描写秦可卿的卧房时，用调侃的语调，提到了说秦可卿屋内盘子里放着安禄山曾经掷伤过杨贵妃的木瓜。这个木瓜，是《诗经》中的楙，不是番木瓜。

木兰小檗区

木兰小檗区位于树木园中央入口、北环路以北的前山台地上。它东邻银杏松柏区，西接规划的泡桐白蜡区，南对王锡彤墓，北面紧依山峦。该区背风向阳，规划栽种 8 科 13 属 93 种植物。该区以收集栽培木兰属、小檗属、鹅掌楸属、蜡梅属、山胡椒属等

木兰园

植物为主，占地面积 2.2 公顷。

木兰属的植物品种包括白玉兰、紫玉兰、望春玉兰、二乔玉兰、长春玉兰、厚朴玉兰、黄山玉兰等多个品种。

玉兰科同属植物大体相同，但细微处差异很大。白玉兰为珍贵的庭院观花树种，春天绽放时花开九片，大而洁白，芳香馥郁。紫玉兰又称辛夷，花开六片，外面为紫色，里面淡紫近白色。因花苞状似写字的毛笔尖，故又称木笔。望春玉兰又叫望春花，花

马褂木叶子

马褂木花

瓣六片，白色，花瓣基部带紫色，萼片狭长，先花后叶，有芬芳。每年四月初，各种玉兰次第开放，白花如莹雪，紫花若彩霞，芬芳馥郁，它们一株即可成景，连成一片更见壮观。整个区域美艳绮丽，令人陶醉。

马褂木属于木兰科鹅掌楸属，生长在我国华中、华东、西南地区，因其叶形奇特，花朵美丽，故为我国著名观赏植物。

马褂木为高大乔木，因叶片形似马褂而得名。它的叶片长十几厘米，其先端是平截的或微微凹入，两侧有深深的两个裂片，极像马褂，又似鹅掌。秋天，马褂木的叶子变为金黄色，整棵树像一座座金塔，十分壮观。此树一年三季可观，既可列植，亦可单植，皆有很好的景观效果。

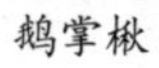

鹅掌楸

马褂木秋色

马褂木的花黄绿色呈碗状，和郁金香极为相似，因此又被称为“黄郁金香树”。每当郁金香花意阑珊之时，马褂木正悄然开放，只是不像郁金香那样成片地、大色块地热烈绽放，而是用低调的美丽装点着春天。

秋天是马褂木最“燃”的季节。当夏天的热浪褪去，马褂木的叶子就随着渐凉的秋风，由绿色渐渐过渡到淡黄。伴随着秋色渐浓，叶子像是一件件黄马褂，在秋阳中闪烁舞蹈，煞是奇幻。

北京植物园中最大的一片马褂木林就在山前台地的山坳里，高大的树下是一片草坪。躺在树下任斑驳的阳光洒在身上，微闭着眼睛享受暖暖的太阳，真是怡然自得。

小檗为枝上带刺的灌木，品种有红叶小檗、朝鲜小檗、日本小檗、秦岭小檗、大叶小檗等。有的小檗常年为紫红色，秋天变为鲜红。小檗开黄色小花，倒垂罄状，结圆形浆果，果实红艳，灿若玛瑙，叶落果犹存，即便是冬季，在皑皑白雪中，依然明丽鲜艳。小檗多作为绿篱、草地丛植、山石之间或者花坛边缘，可观花、观叶、观果，一年四季可赏。

该区在绿化上充分利用三面环山，一面敞开的地势，将成片高大的杂种马褂木植于西北山前高地上，木兰属乔木植于东坡上，蜡梅属植物散植于林缘坡脚地，攀缘植物依附于花架、坡坎、山石断壁等处。在区域中间及水池矮处、草坪上镶团状、带状、自然流动式种植的矮生小檗等灌木。草坪上又偶有孤植的高大乔木点缀，使这个不大的长形台地上，显示了山高体阔，林木壮观，草坪疏朗开阔的景观效果。

泡桐白蜡区

泡桐白蜡区是正在建设中的景区。它位于树木园，西临卧佛寺，南接丁香园，面积4.5公顷。该区东北部为台地，西南面地势平坦。规划中的泡桐白蜡区以泡桐属、白蜡属乔木和连翘、锦带花等开花灌木为重点，收集栽培11科30属118种乔灌木。

东北部台地以种植泡桐属植物为主，配植玄参科、紫薇科乔木，林下栽种锦带花、猬实等花灌木，沿坡栽种凌霄等藤本植物，形成层次丰富的园林景观。在南部种植白蜡，配植连翘等花灌木，与丁香园树种相互渗透，融为一体。

泡桐树，为玄参科、泡桐属的树种。初步统计我国共9个种和2个变种，除东北北部、内蒙古、新疆北部、西藏等地区外，全国均有分布、栽培或野生。

泡桐属的植物为落叶乔木，树干挺拔粗壮，树冠巨大如伞，树高可达30米。它生长迅速，仅几年时间一棵小树苗就可长成参天大树。树叶为卵形或长卵形大叶，背面有黄褐色短绒毛。泡桐树神速的生长速度得益于它薄大、青绿的叶片。泡桐叶叶柄长达12厘米，叶片长达20厘米，可说是乔木中的“叶中之王”。宽大的叶片成为泡桐从空气中争夺养分的得力干将。

泡桐树不仅树姿优美，而且有较强的净化空气和抗大气污染的能力，是城市和工矿区绿化的好树种。泡桐的叶、花、果和树皮可入药。泡桐树每年5月开花，花色美丽鲜艳，花冠下部为长筒，上部成唇形5裂，大而美观。

泡桐花

紫花泡桐，又叫毛泡桐，树冠宽大开张，幼枝、幼果长满黏腺毛，叶片全披绒毛，花鲜紫色，内部有紫斑和黄色条纹。较耐寒、耐盐碱，生长迅速，花开时更为美丽壮观。楸叶泡桐树冠较窄，叶小形似楸叶，花为细长筒状，淡紫色，花筒长满紫色小斑。兰考泡桐，树冠宽阔，开淡紫色大花，是北方绿化的好树种。植物园内泡桐品种较多，游客可以细细辨别其品种差异，亦是一件乐事。

白蜡树为木犀科落叶乔木，树皮呈灰褐色，树干上有纵裂纹。白蜡树的叶芽形状像宽阔的卵形，也有的是圆锥形，上面披着柔软的棕色毛毛。小枝黄褐色，粗糙，无毛或疏被长柔毛。白蜡树的花期为 4 月至 5 月，果期为 7 月至 9 月。白蜡树在我国栽培历史悠久，分布甚广，即便在海拔 800 米 ~1600 米山地杂木林中，也可见其身影。

白蜡属植物主要有白蜡、大叶白蜡、小叶白蜡、洋白蜡、美国白蜡、绒毛白蜡、欧洲白蜡，它们均为落叶乔木，圆锥花序，结翅果。品种间有细微差别。

悬铃木麻栎区

悬铃木麻栎区也是正在建设的景区，规划面积 5.5 公顷。位于树木园东南部边缘，北部为狭长的台地山坡，南部地势平坦。

悬铃木麻栎区拟收集栽培 9 科 24 属 85 种落叶乔木，重点是悬铃木属和麻栎属植物。悬玲木属的主要植物种类有悬铃木，也叫英桐或二铃悬铃木。为落叶大乔木，高达 30 米 ~35 米。枝叶茂密，树皮灰绿色，薄片状剥落。大叶片近三角形，3~5 掌状裂，形状美观。花虽不好看，但球果坚实，常两个一串，别致有趣。此树生长迅速，遮阴效果好，抗烟尘，适应性强，有一定抗寒性，在北京长势良好。

二铃悬铃木

同属植物还有法桐，称三球悬铃木。球果常 3 个或更多个串生，但喜温暖湿润气候，耐寒性不强。美桐，又称一球悬铃木，果球单生。

麻栎为落叶乔木，高达 25 米 ~30 米，干皮交错纵深裂，树叶有光泽，羽状侧脉在边缘形成芒刺。此树适应性强，耐干旱瘠薄，根深抗风力强。萌芽力强，生长较快。木材坚硬耐久，纹理美观，是优良的硬木用材：树叶是柞蚕的好饲料；树皮可提制栲胶。麻栎全身是宝，是重要的绿化、用材树种。

目前，悬铃木麻栎区栽种的杜仲已郁郁成林。杜仲为高大落叶乔木，椭圆形叶子，枝叶茂盛。杜仲不但树形美观，树皮、根皮均是重要的中药材。

悬铃木麻栎区内还有松树、核桃、槐树等乔木，碧桃、蔷薇，紫薇等花灌木，铺地柏、地锦等地被植物。按照规划，该区除了栽植悬铃木属、麻栎属植物，还将配植桑科、榆科，桦木属、枫杨属等植物种类，形成茂密的树林，林下种植草坪和地被植物。建成后的悬铃木麻栎区将具有典型的落叶阔叶林景观。

专类园

将同种或同类植物的不同种或品种，集中布置形成专类园，是国内外植物园常用的观赏植物区的布置手法之一。北京植物园中的专类园采取植物组团式配置方式，通过植物品种、花色、季相的搭配，表现植物的美感，成为植物园园林外貌与科学内涵结合最紧密和最具观赏性的部分。

专类园的作用是收集品种，保存种质资源，培育和推广良种，普及植物科学知识，促进新优植物在首都城市绿化美化中的推广和应用。北京植物园将各专类园集中布置于古迹游览区附近和中轴路两侧。这些专类园或花团锦簇，或清新幽静，形成了风格迥异的植物景点。

北京植物园专类园的整体概念是在第三次规划中形成的，在1957 年的第一次规划和 1979 年的第二次规划中，虽然有分类植物展览区设计，并已经实现了部分建设，但尚未形成相对集中的专类园景区。第三次规划按照实际情况，结合社会需求，调整了专类园比例，经过几年努力，实现了最佳效果。

北京植物园已建成月季园、碧桃园、牡丹园、芍药园、丁香园、海棠栒子园、木兰园、宿根花卉园、集秀园（竹园）、梅园等 10 个专类园。

每年3月初至5月底，是各专类园最具观赏性的时节。此时的植物园百花争艳，姹紫嫣红。蜡梅、山桃花、玉兰花、榆叶梅、碧桃、郁金香、牡丹、芍药、海棠、丁香争相开放，绚丽多姿，为植物园增添了巨大吸引力。

专类园是开展植物科普最为理想的地方。结合不同植物的观赏期，北京植物园举办过多次市花展、荷花展、秋花秋实展等专题花卉展览。1989年至2018年，北京植物园连续举办了29届桃花节。桃花节的范围从仅限于碧桃园到覆盖全园，桃花节的内容从单纯的赏花到融会传统文化与时代文化，一年一度的桃花节，不仅深受广大人民群众的喜爱，也成为北京重要的文化节之一，同时弥补了北京西部，春季缺少文化活动的不足。

月季园

月季园在植物园的东部南端，南邻香颐路，北靠杨树区，走进植物园南门向右一转就是该园，为植物园入园第一个专类景观园。

月季园总面积10余公顷，栽种着10余万株1000多个品种的月季。植物园注重对蔷薇属野生种及中国古老月季收集，增加各种月季类型及国外获奖月季品种的收集。有大花月季、灌木月季、丰花月季、茶香月季、微型月季、藤蔓月季等，是我国北方面积最大、月季品种最多的月季专类园。

1987年，月季被评为北京市市花之一。为促进月季在首都城市绿化美化中的推广应用，并向群众普及有关知识，发挥植物园新优园林植物引种研究与应用示范作用，北京植物园于1991年10月开工兴建月季园。

月季园以展示不同类型月季在不同环境中的多种配置形式为主，注重整体效果，既是月季专类园，又是新优园林展示区。采用沉床式设计，轴线布局严整，中部是喷泉广场。广场为沉床式，圆形，直径40米，面积1256平方米。中间为暗设的喷泉，喷水高达7米。沉床落差5米，上宽下窄，以三层月季花形图案铺装的缓坡台地式花环，逐渐向底部过渡。第三层最大直径90米，面积5102.5平方米。

5月份，当桃花、郁金香退出占尽春光的主场，月季花便开放了。整个月季园被大大小小数万朵，红、黄、紫、白各色鲜艳的月季花的芬芳包裹着、沁浸着，巨大的沉床似乎是一个巨大的花环，人们游览其中，被馥郁的花香窨着，似乎也变作了一朵花。

沉床周边是以疏林草地为基调的赏花区。造型别致的花架、新颖的布置手法，形成良好的垂直绿化效果。植物配置注重整体效果，品种区、月季演化区，形成花带、花团和花溪。藤本区在轴线上矗有月季园主景雕塑——花魂。这花魂雕塑高高矗立着，把已经变得葱绿的北边的寿安山、西侧的香山作为背景，拉大景深，让人们的视野也开阔起来。

月季园除展示各种月季外，还配置有金山、金焰绣线菊、紫叶矮樱等15种新优植物。

月季园西南角是“中澳友谊月季园”，又叫“古老月季园”。

里边的月季种、变种及古老月季品种共计 400 个，700 余株，全部来自于澳大利亚月季新品种登录权威，也是中国人民的老朋友劳瑞・纽曼（Laurie Newman）的赠送。

出于对中国的热爱，劳瑞从 1982 年开始学习汉语。在中国朋友张志尚和李洪权先生的帮助下，他于 1998 年参观了北京植物园，结识了当时的北京植物园园长、现中国花卉协会月季分会会长张佐双先生。劳瑞对北京植物园的月季园大为赞赏，主动提出为植物园增加 300 种月季品种。从 1998 年以来，劳瑞先后自费来中国 15 次，为北京植物园无偿捐献月季种、变种及古老月季品种。这些月季珍品包括大马士革蔷薇、白蔷薇、芹叶蔷薇等原产欧洲及中亚的种，波旁蔷薇、杂种长春月季、香水月季等古老月季品种，以及现代月季的鼻祖天地开月季。劳瑞的捐赠，涵盖了各种类型的月季，大多数品种是第一次引进中国，是珍贵的教学材料和育种材料。不唯如此，他的功德还在于让一些在中国已经遗失的古老品种又回到了中国。

劳瑞不顾年事已高，冒着北京夏季的酷暑，从澳大利亚带来月季苗木，亲自定植、调整、繁殖和观察。劳瑞还主动为植物园工作人员传授栽培经验，并多次到大专院校无偿讲课，传授月季知识。为纪念中澳人民友谊，古老月季园起名为“中澳友谊月季园”。

为了纪念和感谢北京植物园前园长、中国花卉协会月季分会会长张佐双先生对此项工作的帮助和支持，为了增进中澳人民的友谊，劳瑞将自己培育的一个月季新品种命名为“张佐双”，又名为“中国日出”（China Sunrise）。象征两国的发展将向早上的太阳一样蒸蒸日上。该品种在阿德莱德澳大利亚国家测试园荣获 2006 年澳大利亚最佳育种品种银奖。

月季园设计获 1993 年首都绿化美化优秀设计一等奖；获 1994 年北京中小型设计单位优秀设计一等奖。

2014 年，月季园进行了提升改造，整理绿地 9000 平方米，土壤改良 600 立方米，移栽植物 71 株，绿篱 200 株，改造后得月季园，以台地形式展示丰富品种的月季，两侧辅助以不同时节的花卉，增加展示区域和景观效果。从植物园东南门进入，左转百余米，即可从东侧进入月季园的景观区，使得这个专业园区成为植物园内观赏期最长的景点。

月季园在第十七届世界月季大会上,荣获“最美专类园”荣誉。2016 年为亚太地区月季大会分会场。

碧桃园

碧桃园位于植物园中轴路东侧，北面与丁香园相连，南面是盆景园和人工湖的中湖，东临树木园，西面与牡丹园隔路相望。

碧桃园建于 1983 年，占地 3.4 公顷，现已收集、栽植 70 多个种和品种，近万株桃花，是世界上收集观赏桃花品种最多的专类园。

桃花在中国的栽培史已经有 3000 多年了，最早的文字记载是《诗经》中“桃之夭夭，灼灼其华”。

桃花在中国文化中主要有三个意象：春天、美人、桃源。

春天的意象：桃花在早春开放，芳华鲜美，往往成为春天来到的象征。唐代周朴的“桃花春色暖先开，明媚谁人不看来”，吴融的“满树如娇烂漫红，万枝丹彩灼春融”，宋代向敏中的“千朵秾芳倚槛斜，一枝枝缀乱云霞。凭君莫厌临风看，占断春光是此花”都是人们对桃花的咏颂，表达了对春天的喜爱。

美人的意象：最有代表性的，就是唐代崔护的“人面桃花相映红”。清代曹雪芹用所塑造的人物黛玉之口咏颂的诗句“胭脂鲜艳何相类，花之颜色人之泪。若将人泪比桃花，泪自长流花自媚。泪眼观花泪易干，泪干春尽花憔悴”（《桃花行》）。以花拟人，以人比花。将花与人交织在一起，刻画出一个孤独无援、多愁善感的柔弱少女形象，而桃花成了林黛玉纯洁美丽而红颜薄命的象

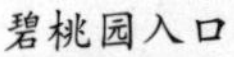
碧桃园入口

碧桃园

征性写照。

桃源的意象：桃源即桃花源，是东晋陶渊明在《桃花源记》中构建的世外仙境，是一个与残酷的现实世界相对立的美好的理想世界。那里与世隔绝，民风淳朴，人们安居乐业，无忧无虑，千百年来一直是读书人神往的理想王国，也是文人雅士避世隐居的理想处所。陆游晚年的《泛舟观桃花》诗，“桃源只在镜湖中，影落清波十里红”和“千载桃源信不通，镜湖西坞擅春风。舟行十里画屏上，身在西山红雨中。俗事挽人常故故，夕阳归棹莫匆匆。豪华无复当年乐，烂醉狂歌亦足雄”，表达了他对陶渊明笔下的桃花源的向往。

游览碧桃源可以观赏到多种碧桃：从体条上分有直枝桃、帚型桃、寿星桃、垂枝桃；从花瓣上分有单瓣型、梅花型、月季型、牡丹型、菊花型；主要品种有：白花山碧桃、碧桃、绛桃、绯桃、紫叶桃、二色桃、人面桃、垂枝桃、寿星桃、洒金桃、菊花桃等。白花山碧桃绽放最早。绛桃最晚，错落开放的桃花，可以从3月下旬一直到5月初，这是北京植物园29届桃花节不仅名副其实，而且越办越好、广受人们喜爱的一个重要原因。

丁香园

碧桃园位于中轴路东侧，南面紧接碧桃园，西面与牡丹园隔路相望，东面是树木园，北面与卧佛寺景区相邻。

丁香园占地3.5公顷，始建于1958年。

该园原为第一次规划设计的丁香蔷薇园，1983年建成开放。后经过多次充实植物品种，增添服务设施和添加园林小品，使之具有了更丰富的游览内涵。

丁香为木犀科丁香属落叶灌木，或者高4米~5米的小乔木。该园收集丁香40余种和品种，1000余株。中国拥有丁香属81%的野生种类，是丁香属植物的现代分布中心。植物园将继续加大收集国外栽培丁香品种，使园内丁香原种和品种达到200余个，让丁香园成为我国收集保存丁香种和品种最为丰富的专类园。

丁香园内展示的主要品种有白丁香、紫丁香、蓝丁香、小叶丁香、佛手丁香、花叶丁香、辽东丁香、喜马拉雅丁香、四川丁香、朝鲜白丁香、裂叶丁香、日本丁香、北京丁香、毛叶丁香、暴马丁香、垂枝北京丁香、什锦丁香，紫萼丁香、红丁香等。由于种类较多，

新优品种金园丁香

每年 4—5 月间丁香花观赏期达月余。这些花的区别，需要赏花人细心的鉴赏和离别。

丁香花多很小，多为白色、紫色，花冠长筒状，前端开裂。丁香不是单朵开放，而是为圆锥形花序，无数朵小玲当一样的花朵像串珠流苏般密集簇拥着绽放，人们似乎在轻风中听到了“小铃风动玉冬丁”美妙的声音。

丁香的花香是著名的，花开时，有浓郁的花香令人陶醉。金末元初著名文学家、历史学家元好问诗描述云：“香中人道瑞香浓，谁信丁香臭味同。一树百枝千万结，更应薰染费春工。”

丁香花朵纤小文弱，加之香氛盈袖沾衣，萦绕不绝，令人柔肠百结，因此也有“百结花”之称。

丁香在话语中代表着幽怨的愁思。南唐李璟有“青鸟不传云外信，丁香空结雨中愁”的诗句。现代诗人戴望舒《雨巷》中“丁香一样地结着愁怨的姑娘”令人缱绻难忘。

欣赏丁香花还有一个有趣的游戏。一般的丁香为四瓣，很多青年男女喜欢在花丛中细细地寻找极为稀少的五瓣丁香，因为它代表幸运。如果能发现五瓣丁香花，说明他们的情缘是得到了上天的眷顾，是吉祥而顺从天意的。

丁香园以西山山脉为背景，西借香炉峰的高远，东有小金山的婉约，北纳寿安山之雄浑，景观开阔宏大。园林设计均采用大

丁香园紫藤花

面积疏林草地的手法，园中心为平坦的大草坪，四周地形略有起伏。以疏林的形式配植了油松、法桐、垂柳、毛白杨等骨干树种，相邻绿树配置了白桦、小叶椴、雪松等树丛或孤立树。在林间大乔木间与园林沿线上，成组团式种植了大片的碧涛桃或丁香。

丁香园的北部，有一双鹤展翅欲飞的雕塑，是为丁香园的标志。

丁香园的南面与碧桃园相接处，有一荷池，池边一架藤萝。每当丁香盛开之时，这架老藤也恰值花期，一串串紫藤花艳不夺目，香不压众，静静地怒放着。唐代著名诗人李白《紫藤树》诗：

紫藤挂云木，花蔓宜阳春。

密叶隐歌鸟，春风留美人。

紫藤架下，融诗入景，十分契合。

1973年日本赠送的30株大山樱，以及垂枝樱、关山樱、红山樱、红八重彼岸樱、一叶樱等植在荷池南侧一道粉墙边，在丁香、碧桃、紫藤花海中用淡粉色的花把碧桃园与丁香园皴染在一起。

该园荣获1984年建设部优秀设计二等奖，1986年北京市优秀设计二等奖，首都建筑艺术优秀设计三等奖，1988年国家优秀设计银质奖。

牡丹园

牡丹园该园位于卧佛寺路西侧，南邻温室区，北接海棠栒子园，西为种苗区，东隔路与丁香园、碧桃园相望，面积7公顷。

牡丹园入口

牡丹园的主要任务是收集展示牡丹品种，保存牡丹种质资源，培育和推广良种，以及普及牡丹分布、分类、遗传育种、栽培管理知识。1983 年建成开放。

目前牡丹园栽植 630 多个品种，6000 余株牡丹，主要品种有，中原品种：姚黄、魏紫、昆山夜光、豆绿、赵粉、花二乔、黑花魁；日本品种：芳纪、八术狮子、花王、岛大臣、岛锦；欧美品种：Anna marry、海黄、金阁、名望、黑海盗。

牡丹是我国特有的木本名贵花卉，有数千年的自然生长史和 2000 多年的人工栽培历史，只是我们的古人把牡丹和芍药都统称为芍药。因为牡丹为木本植物，芍药为草本植物，为了区分，古人又把牡丹称为木芍药。

牡丹花色泽艳丽，富丽堂皇，素有“花中之王”的美誉，因牡丹花大而香，故又有“国色天香”之称。唐代刘禹锡有诗曰：“庭前芍药妖无格，池上芙蕖净少情。唯有牡丹真国色，花开时节动京城”，表现了人们倾城而出观赏牡丹的盛况。

牡丹有“十绝”：一是花朵硕大，雍容华贵；二是开候相宜，总领群芳；三是叶形奇特，碧绿千张；四是品种繁多花型多变；五是花色丰富，绚丽多彩；六是花品高洁，劲骨刚心；七是株态奇苍，干枝虬曲；八是绝少娇气，易养好栽；九是花龄长久，寿逾百年；十是浑身是宝，根可入药。牡丹花瓣可食，籽可轧油，叶可作染料，根是重要的药材。

唐代、明代、清代，牡丹为尊为国花，其花大、形美、色艳、香浓，为历代人们所称颂，人们寄予它富贵、吉祥、安康的美好寓意，因此成为中国的园林、建筑、书法、绘画等多种艺术类别中常见的身影。

牡丹自古以来皆用其根皮入药，名曰“丹皮”。《神农本草经》将其列为中品。李时珍撰《本草纲目》曰：“牡丹以色丹者为佳。”

牡丹园的设计采取自然式手法，因地制宜，借势造园。植物栽培采用乔、灌、草复层混交，疏林结构，自然群落的方式，以原有油松为基调树种，保留古老树木并把它们组织到绿化中去，既保护了古树名木，又增加了园林古朴高雅的情调。

园中的建筑和小品富于变化，使该园颇有自然山野之趣。此种设计满足了牡丹越冬和避免夏日暴晒的生物学特性需要。本园南入口处有 3 组山石，6 株百年以上的槐树。北侧台地建有六角亭一座。中部一汉白玉牡丹仙子雕塑侧卧于花丛翠竹中，为中央美院史超群教授设计制作。雕塑附近矗一组山石，上镌“粉雪千堆”

牡丹园内小亭

四字，为吴作人先生题写。园北部有《牡丹仙子》大型烧瓷壁画，壁画长 17.2 米、高 4.3 米、厚 1.4 米，取材于《聊斋志异》中“葛巾・玉版”篇，作者为包阿华。壁画对面为一两层阁楼，名“群芳阁”，阁名由书法家舒同题写。园路采用石子嵌花甬路的形式，曲折平缓。路面铺有牡丹等各种花鸟图案及片石的冰裂纹图案。

在牡丹丛中有一片古白皮松群。外国林学家认为白皮松是世界上最美丽的树种之一，称为“花边树皮松”。我国古人视其为“白龙”“神松”，多植于宫殿、寺庙、陵寝等处。这里原是清乾隆长子定亲王永璜的陵墓，这片古白皮松是当年的遗物，距今已近三百年了。

该园荣获 1984 年建设部优秀设计二等奖，1986 年北京市优秀设计二等奖，首都建筑艺术优秀设计三等奖，1988 年国家优

牡丹园白皮松

秀设计银质奖。

芍药园

芍药园位于牡丹园西侧，北面与海棠园相邻，始建于 20 世纪 80 年代，90 年代两次作了扩建，面积 3.3 公顷。

芍药属毛茛目，毛茛科芍药属多年生草本。块根由根茎下方生出，肉质，粗壮，呈纺锤形或长柱形，粗 0.6 ~ 3.5 厘米。芍药花一般着生于茎的顶端或近顶端叶腋处，原种花白色，花瓣 5 ~ 13 枚。园艺品种花色丰富，有白、粉、红、紫、黄、绿、黑和复色等，花径 10 ~ 30 厘米，花瓣可达上百枚。果实呈纺锤形，种子呈圆形、长圆形或尖圆形。

芍药花瓣呈倒卵形，花盘为浅杯状，花期 5 ~ 6 月，是春天最后绽放的花，因此人们又称其为“殿春花”，有宋人赵葵“芍药殿春春几许，帘幕风轻飞絮舞”诗句为证。

芍药又称“别离草”，在中国是爱情之花。两情相悦的男女，离别之时，总要互赠信物。我国古代男女交往，多是由男子将芍药相赠予女子,以表结情之约或惜别之情。这是芍药被称之为“别离草”的原因。诗经《诗经 · 国风 · 郑风 · 溱洧》: 溱与洧，浏

芍药园

芍药花

其清矣，士与女，殷其盈矣。女曰："观乎？" 士曰："既且。""且往观乎？洧之外洵讦且乐！" 维士与女，伊其将谑，赠之以勺药。

唐代诗人张泌在《芍药》诗中写道：

香清粉澹怨残春，蝶翅蜂须恋蕊尘。
闲倚晚风生怅望，静留迟日学因循。
休将薜荔为青琐，好与玫瑰作近邻。
零落若教随暮雨，又应愁杀别离人。

牡丹被人们誉为"花王"，而芍药被人们誉为"花仙"和"花相"，所以有牡丹园的地方，都会有芍药园相伴。芍药花深受中国人喜爱，成为文学艺术作品中的题材。清代长篇小说《红楼梦》中"憨湘云醉眠芍药裀"就是经典情景之一。我们可以想象一下，一个妙龄女孩，酒酣醉卧，被纷纷落下的芍药花瓣覆盖着，令人难寻。人们发现她的时候，酒香与馥郁的花香加揉在一起，这个湘云实在是憨态可掬，令人喜爱有加！

芍药园西北高坡处建红柱朱顶亭一座，名"挽香亭"，为芍药园的制高点。坐在亭中，览尽四周环绕的众花，园中点缀有仿木花架、浩态狂香石、醉露台等小品。利用地势改造，形成芍药、倚红坡和精品赏花区，在较小的面积内，创造了富于变化的赏花空间，展现了芍药花"烟轻琉璃叶，风亚珊瑚朵"独特观赏性。

芍药园栽种芍药品种有，中国品种：黄金轮（最具代表）、紫檀升烟、大富贵、美菊、绚丽多彩、巧玲、粉池金鱼；欧美品种：玛格丽特公主、哈瑞特贝尔、珊瑚海。共7000余墩，200余个品种，还有两个杂交种（伊藤杂种芍药黄黑两种花色）。

海棠栒子园

海棠栒子园位于卧佛寺前中轴路西侧樱桃沟的入口处，西南接牡丹园，北邻木兰园，东面隔路与丁香园相望，面积 5 公顷。1987 年开始规划建设，1992 年建成，2010 年进行了扩建改造。

初建时，园中有 9 种我国著名的海棠观赏品种：西府海棠、垂丝海棠、重瓣海棠、湖北海棠、贴梗海棠等；引种了美国明尼苏达州的花果兼具观赏性的钻石海棠、红丽海棠、道格海棠、霍巴海棠等 14 个品种。扩建后，海棠园已经收集展示了 80 余个海棠的种和品种。海棠 4 月中旬开花，秋天结果。

我国是海棠的起源中心，品种资源丰富，地理分布广泛，其主要分布于西南地区和长江流域。

海棠花明媚娇艳，春可赏妖娆花姿，秋可观累累硕果，我国人民自古就有种海棠、赏海棠的习俗，并由此衍生出蕴涵丰富、寓意吉祥、形式多样的海棠花文化。《诗经·卫风·木瓜》记载："投我以木桃，报之以琼瑶。匪报也，永以为好也！"据考证，木桃为木瓜海棠或贴梗海棠，这是迄今为止能找到的关于海棠最早的书面记载。

唐德宗贞元年间，贾耽在其所著的《百花谱》书中，誉海棠为"花中神仙"，此书为较早使用海棠这一称谓的著作，此前我们的古人称海棠为"柰"。此后海棠作为观赏植物的地位与声望日益突出，宋代达到顶峰，出现研究海棠的专著《海棠记》和《海棠谱》。元明清三代海棠成为文人常用的意象，歌咏海棠的诗词多有流传。

海棠花以其风姿艳质赢得世人的喜爱，“海棠春睡”“绿肥红瘦”这些人们所熟稔的词汇，成为美女意象和伤春、惜春之情的表达，也成为后代诗人画家不断吟咏描绘的题材。“不是爱花即欲死，只恐花尽老相催。”海棠抒发了好花不常开、好景不常在，花落春归的感伤情怀。在对海棠美妙姿色的描绘中，对海棠象征的春光春景的歌咏留恋中，海棠花逐渐演变为佳人、青春、理想和易逝的美好事物的象征。

相传唐明皇有一天在香亭召太真妃，而那位贵妃仍沉醉未醒。皇帝就让高力士派几位侍儿生生把贵妃搀扶了过来。贵妃此时“醉颜残妆，鬓乱钗横，不能再拜”。唐明皇见状哈哈大笑说：“岂妃子醉，直海棠睡未足耳！”从此唐玄宗以杨贵妃醉貌为“海棠睡未足”的典故，不胫而走。

苏轼也非常喜欢海棠花，甚至到了如痴如醉的地步。他在《海棠》中写道：

东风袅袅泛崇光，香雾霏霏月转廊。

只恐夜深花睡去，更烧高烛照红妆。

诗人怜惜海棠花，不忍心海棠花栖息在黑暗中，于是“烧高烛照红妆”，为海棠花驱赶黑暗，爱之深厚无以复加。

元好问在《同儿辈赋未开海棠》诗中，用“枝间新绿一重重，小蕾深藏数点红”来形容未开之蕾，极为形象。

女词人李清照的“昨夜雨疏风骤，浓睡不消残酒。试问卷帘人，却道海棠依旧。知否，知否？应是绿肥红瘦”脍炙人口。此词借宿酒醒后询问花事的描写，委婉地表达了作者怜花惜花的心情，充分体现出作者对大自然、对春天的热爱，也流露了内心的苦闷。

《红楼梦》第三十七回“秋爽斋偶结海棠社 蘅芜苑夜拟菊花题”，写到了有探春发起的海棠诗社。大观园的儿女“宴集诗人于风庭月榭；醉飞吟盏於帘杏溪桃，作诗吟辞以显大观园众姊妹之文采不让桃李须眉”。诗社成员有林黛玉、薛宝钗、史湘云、贾迎春、贾探春、贾惜春、贾宝玉及李纨。稻香老农（李纨）为社长，菱洲（迎春）、藕榭（惜春）为副社长，一人出题，一人监场。第一次活动是在探春所居的秋爽斋，所作之诗为咏白海棠，故名“海棠诗社”。海棠诗以风格论，黛玉的清新，而宝钗的温厚林黛玉和薛宝钗的诗均被大家赞许。二人所作如下：

珍重芳姿昼掩门，自携手瓮灌苔盆。

胭脂洗出秋阶影，冰雪招来露砌魂。

淡极始知花更艳，愁多焉得玉无痕。

欲偿白帝凭清洁，不语婷婷日又昏。

——蘅芜君（宝钗）

半卷湘帘半掩门，碾冰为土玉为盆。

偷来梨蕊三分白，借得梅花一缕魂。

月窟仙人缝缟袂，秋闺怨女拭啼痕。

娇羞默默同谁诉，倦倚西风夜已昏。

——潇湘妃子（黛玉）

海棠适应性强，“也宜墙角也宜盆”，植于庭前、路边、池畔、盆中皆可，集梅、柳优点于一身，“海棠不惜胭脂色，独立蒙蒙细雨中”，经历风雨，清香犹存，风骨铮铮。

海棠园内还种植了大量栒子类植物，有平枝栒子、匍匐栒子、柳叶栒子等，17 个品种，400 余株。

栒子春夏叶片浓绿，秋季果实鲜红，非常美观。另外园内植配景树油松、银杏、栾树、白皮松、元宝枫、矮紫杉、铺地柏等 20 种。园有 4 个观赏景区：乞阴亭、花溪路、落霞坡、缀红坪。

乞阴亭位于该园东侧坡下海棠花丛中，为一清式小木亭，取意陆游诗“只恐风日损菲芳，乞借春荫护海棠”为名。

花溪路由石灯点景石组成，周围植以各种海棠。“溪”指花丛中之路，以路代溪。园路铺装曲线流畅，与周围的海棠花融于一体，似小溪流水，故名花溪路。

海棠园乞阴亭

海棠园观景台

落霞坡是乞阴亭沿花溪路西行的一道缓坡，满坡的海棠万花齐放，层层叠叠、连绵不断、红白相溶、如晓天的明霞，又如落日的余晖，故名落霞坡。

缀红坪位于落霞坡西，以西山为背景，以雪松、栒子、草地为主景，舒朗开阔的空间，一团团一片片的栒子，形成一道道柔美的林缘线。秋季叶红如霞，红果灿若繁星，点点布满其间，故名为缀红坪。

2010 年将对海棠栒子园进行改造，对现有过多过密的植物进行移植，梳理种植空间；完善道路系统与配套休息设施，方便了广大游客的游览、休息。地形、现状植物的调整为以后植物的正常生长提供了空间与条件；各种品种植物的合理配置将使海棠栒子园作为专类植物展示园区，品种更加丰富，景观效果得到全面提升。

2012 年在植物园的新规划中，该园增加了西区，规划增加两类植物的原种和品种收集，达到海棠 80 种（品种）、木瓜属植物、栒子 20 种左右。

海棠栒子园荣获 2012 年—2013 年建设部颁发的“中国最佳专类园”奖，未来将成为华北地区海棠品种测试园。

宿根花卉园

位于卧佛寺前坡路东侧，与木兰园隔路相望，为孟兆贞院士于 20 世纪 70 年代带领学生实习时设计的。该园以栽植、培育、引种各种宿根花卉为主，面积 1.5 公顷，1980 年建成。

宿生花卉，是指两年或多年生草本花卉，在冬季茎叶枯萎后，根可在地下生存，第二年春天重新萌发新芽。这里栽植的主要有百合科、景天科、石蒜科、菊科、鸢尾科等近百种宿根花卉。

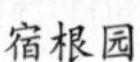

宿根园

珙桐

园内对称的规则式设计，十字对称的园路，中心置一硅化木盆景。沿十字轴线，东西向为带状花坛，植以多品种鸢尾、东方罂粟、蒲葵等。南北轴线为花坛和花台，分别种植荷包牡丹、玉簪、匍匐栒子、丰花月季等。在十字轴线四角以拟对称的方式布置了花境，以百合科、景天科、石蒜科、菊科、鸢尾科等60余种宿根花卉布满其间，自春至秋花开不绝。

为了增加秋冬季景色和更好地发挥宿根花卉背景材料的作用，利用北部5米高的挡土墙形成的背风向阳的生态环境，栽植了大片竹林，有筠竹、甜竹、紫竹等，园中点缀了红枫、柿子、银杏，配置了美国香柏、杂种马褂木、木瓜海棠、木姜子、蜡梅、平枝栒子以及在北京地区生长的唯一的杉木和10余株日本柳杉。

1993年栽种了从美国引种的优良园林树种银槭，紫叶矮樱、金枝徕木，金指金老梅等几个树种。

2008年，栽植在宿根园的珙桐第一次开花，酷似鸽子的白色花朵，吸引人们前来观赏。这些植物与花台、山石、水面、土丘有机融合，浑然一体，以丰富的植物景观增强了画面效果，形成了具有特色的专类花园。

1984年，园南端建圆亭一座和一砼结构的花架，用以与水生植物园分隔，同时可供游人小憩赏景。

木兰园

木兰园位于卧佛寺前坡路西侧，南接海棠栒子园，西邻中国农业科学院养蜂研究所，1957 年始建，1959 年建成，面积 0.84 公顷。

此园北部，以高约 5 米的挡土墙为屏障，形成了背风向阳的生态环境。木兰园采取规则式的设计手法，布局整齐，园路十字对称，中心一长方形水池，东西主轴线上置两个带状花坛。沿绿篱以十字对称的种植手法分隔空间。水池四面的草坪上各植一株青杆，白玉兰、紫玉兰散植在绿篱后的草坪上。草坪上还栽植了华北落叶松、白皮松等针叶树，以增加冬季绿色景观。北部背风向阳，靠山坡栽植了大叶黄杨、广玉兰、蚊母等几种常绿阔叶树。

该园收集栽植了 14 种 118 株玉兰。其中珍贵的品种有黄山玉兰、望春玉兰、二乔玉兰、宝华玉兰、凸头玉兰、长春玉兰、紫玉兰等。

玉兰别名木兰、应春花、望春花，落叶乔木，树高可达 5 米，是著名的早春观赏花木，是上海市的市花。

玉兰性喜光，较耐寒，可露地越冬。爱高燥，忌低湿。玉兰花对有害气体的抗性较强，具有一定的抗性和吸硫的能力，是大气污染地区很好的防污染绿化树种。

玉兰经常在一片绿意盎然中开出大轮的白色花朵，它的外形似莲花，花瓣展向四方，散发着芳郁的香氛。因其植株高大，开花位置较高，花朵在枝上迎风摇曳，神采奕奕，宛若天女散花，气质高贵而可爱，所以玉兰树为美化庭院之理想花型。明代文徵明咏《玉兰》诗中写道：

绰约新妆玉有辉，素娥千队雪成围。

我知姑射真仙子，天遣霓裳试羽衣。

影落空阶初月冷，香生别院晚风微。

玉环飞燕元相敌，笑比江梅不恨肥。

新开的玉兰花如同绰约多姿的美人，焕发着美玉一般的莹润光辉。满树的花朵仿佛无数穿着素衣的美人，在枝条上像雪花一样轻盈起舞。晚风轻拂，清香暗送，月光中花影婆娑映照空阶，让人不忍践踏。这圣洁的玉兰花兼具丰腴秾丽和轻盈飘逸之美啊！

在中国文化中，玉兰花语是冰清玉洁，爱意、高洁、芬芳、纯洁。

因为品种不同，玉兰的花形和颜色也有不同。有的品种花瓣外带紫晕或条纹，为六片花瓣；有的颜色雪白，为九瓣；还有的色如紫霞，形同杯盏。最有趣的是二乔玉兰，俗名“木笔”，因其花蕾酷似毛笔的笔尖而得名。

木兰园最美是在木兰花开时节。每年的4月初，木兰盛开，一树树饱满的莹白花朵恣肆绽放，一棵棵玉树银花，似碧玉雕成，美不胜收。

木兰园除了各种玉兰，还在南半部的草地上栽值了自美国引种的新优植物红王子锦带、金边紫叶小檗、雪山八仙花、花叶锦带、金叶西洋山梅花、欧洲卫矛、金叶风箱果、贝雷茶条槭、紫叶稠李、金叶接骨木等。

木兰园入口坡地上以迎春花种在路的两侧。迎春是春天的使者，“金英翠萼带春寒”，早春时节，一朵朵小小的、金灿灿的迎春花串成串绽放，形成茂盛的迎春花丛，成为玉兰园春天的序曲。

集秀园

位于卧佛寺行宫院西侧，紧邻樱桃沟入口，是以栽培、展示竹亚科植物为主的专类园，亦称竹园，面积 0.83 公顷，建成于 1986 年，1990 年进行了扩建。

出卧佛寺西门，沿小路北行，百余米处便见一段逶迤的粉墙，墙上有一月亮门，上书黄胄先生题“琅玕世界”，背面门额题有“虚怀劲节”。再向北，又一如意门，门额为赵朴初先生题写的“集秀园”三字，这便是竹园的大门了。

进入园中，绿竹万杆，郁郁葱葱。小路蜿蜒，在竹林中若隐若现。中央一池静水，映出北侧楠木秀亭倒影。

亭名“知音”，四角攒尖，砖雕宝顶。亭楠木色，上绘金色回纹，檐下镶竹叶梅花挂落，亭柱四围装鹅颈靠背坐凳。亭侧散置山石，

集秀园

琅玕世界

上书郑板桥诗句："浓淡有时无变节，岁寒松柏是知心。"

在一片葱郁中细观竹子品种，可谓千差万别：刚竹、美竹、甜竹、毛竹、人面竹、短穗竹、湘竹、罗汉竹、金镶玉竹，或刚劲、或妩媚、或清雅、或奇诡，各有其态，引人遐想。

集秀园知音亭

我国研究和利用竹子的历史可追溯到五六千年前的新石器时期，距今约 6000 年左右的仰韶文化遗址，其中出土的陶器上可辨认出“竹”字符号，说明竹子和人们的生活有了密切关系。

竹子对中国汉字的传承发挥了重要的载体作用。商代时已经把竹子做成竹简，人们把字写在竹简（或者木简）上，再把它们用绳子串在一起就成了“书”，汉字“册”即由此而来。竹简和木简为我们保存了东汉以前的大批珍贵文献，如《尚书》《礼记》《论语》等。

古人懂得欣赏秀丽的竹林风光，中国古典风格园林中竹子成为不可缺少的组成部分。《水经注》介绍北魏著名御苑“华林园”称：“竹柏荫于层石，绣薄丛于泉侧。”

竹子在唐宋两代运用较为广泛，王维规划的“辋川别业”中有“斤竹岭”“竹里馆”等竹景；宋徽宗本人所写《艮岳记》中，可知得知他亲自参与规划的“寿山艮岳”，是北宋山水宫苑以竹造景的典型。北宋李格非所写《洛阳名园记》对私家宅院作了专门的竹子景观描述。南宋周密《吴兴园林记》也可了解到吴兴的宅园“园园有竹”。明清时，竹子园林发展进入成熟阶段，竹子与水体、山石、园墙建筑结合及竹林景观，是江南园林、岭南园林的最大特色之一。北方园林中，在小气候较好的环境，也有竹子造景的范例，比如植物园内的樱桃沟花园。为了能在屋宇内随时欣赏、掌玩，于是就有了中国盆景的出现。以竹子为材料制作的盆景从宋代的诸多名人画卷上可以见到，到明清年间，“岁寒三友”类盆景广为流传。乾隆皇帝八旬大寿时，就有大臣进贡了一座用翡翠制作的竹子盆景，甚得龙心。

竹是中国文学的重要题材，从《诗经》时代开始，历代皆有咏竹赋竹的诗文佳作，创作了难以计数的文学作品，形成了中国独特的竹文学，在中国文学中独树一帜，异彩缤纷。

自古以来，人们就喜欢竹子，人们把它形态特征总结成了一种做人的精神气质，如虚心、气节等。它不畏逆境，不惧艰辛，中通外直，宁折不屈的品格，其精神内涵已形成汉民族品格、禀赋和精神象征，这也是竹子特殊的审美价值所在。魏晋时的嵇康、阮籍、山涛、向秀、刘伶、阮咸、王戎其人，经常游乐于竹林，饮酒赋诗，被称为“竹林七贤”。苏轼说：“宁可食无肉，不可居无竹。”

竹子在中国文化中代表高洁的君子、高尚的气节和虚心的美德。清代诗人郑板桥有“咬定青山不放松，立根原在破岩中。千磨万仞还坚劲，任尔东西南北风”，歌颂竹子坚忍不拔的性格。郑板桥还有人们熟悉的“虚心竹有低头叶,傲骨梅无仰面花”诗句。抓住了竹子叶子低垂，虚心有节，不倨傲自得的特点，比喻内心谦逊的人，才会向人虚心低头；梅虽有傲骨，却不媚俗向上的骨气和品格。

竹子本是南方植物，樱桃沟的小气候较好，位于樱桃沟口出的集秀园选址背风向阳，温暖湿润，所以竹子长势良好，形成了北方难得的茂林修竹景观。

集秀园北坡上的隆教寺景区，也以竹为主要栽培植物，筑有“师竹轩”，景观氛围与集秀园上下呼应，形成了以竹为主题的独特园林空间。

集秀园现收集竹类 70 余种。植物园规划将隆教寺附近山麓地带作为竹类收集展示的区域，面积达到 2.6 公顷，收集竹类 14 属 90 余种，成为竹类品种测试园。

梅园

梅园位于卧佛寺坡下西侧，北接樱桃沟水库，西至西环路，南抵卧佛寺下坡广场，东临竹园。

梅花为我国传统名花之一，栽培历史极其悠久。1998 年，我国获得梅花品种国际登录权威，这也是中国获得的第一个该类荣誉。

北京植物园的梅园是植物园规划中的一个园子，得到梅花专家陈俊愉院士的高度关注。20 世纪 90 年代，旅日侨胞刘介宙先生和夫人刘萧澄子捐赠了 30 余种 6000 株梅花，栽植在现在梅园所在地，形成了梅花观赏区。

作为梅园的建设，始于 2002 年，占地 8 公顷，包括一个 8000 平方米的水面，分为 4 个区域：入口区、水景观光区、山林游赏区、退谷访胜区。本园利用樱桃沟三面环山、北阴南阳的独特小气候栽种梅花 45 个品种、1500 余株，基调品种为杏梅品种群和美人梅品种群，如丰后梅、燕杏梅、美人梅等；同时还栽植了一些抗寒性强的其他品种群的梅花，如复瓣跳枝梅、养老梅、江南朱砂梅、单粉垂枝梅等，成为北方梅园中收集梅花品种较多、植物景观较为丰富的梅花专类园。

梅花为先花后叶的植物，观花期可陆续从每年的 3 月下旬持续到 4 月中旬。其性喜温暖，喜光，喜空气湿度大，但不耐水湿。早春时节，怒放的梅花将幽幽暗香含蓄递送，浸衣亲肤，令人陶陶然。香雪海、梅花雨、冷香渡桥等景观，让人们从梅枝间隙中，看到湖底山的倒影与落梅的花瓣在春风中皴成一幅幅水彩画，春意盎然、春意阑珊皆成景，别是一种艺术氛围。

梅花与松、竹被人们称为岁寒三友。北宋初年著名隐逸诗人林逋一首“疏影横斜水清浅，暗香浮动月黄昏”的咏梅诗，将梅花神清骨秀、高洁端庄、幽独超逸的风韵写尽写绝，成为千古绝唱。他“梅妻鹤子”的故事，更是中国文人爱梅、赏梅的千古佳话。

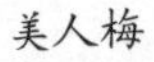
美人梅

在中国文化中，梅花有高洁的情操、隐者的风范、美人的代称、传情的信物。明代李渔曾论赏梅："风送香来，香来而寒亦至……雪助花妍，雪冻而花亦冻。"可见雪与梅常常是不可分开的。卢梅坡的《雪梅》诗更是将两者的关系写得形象至极："梅须逊雪三分白，雪却输梅一段香。"开放在雪中的梅花，不仅色白如雪，清俊高雅，还是春的使者，传递温情的驿使

梅花开在山坳，远离尘世，因此它还是"隐者""高士"的象征。方岳《梦寻梅》："野径深藏隐者家，岸沙分路带溪斜。马蹄残雪六七里，山嘴有梅三四花。黄叶拥篱埋药草，青灯煨芋话桑麻。一生烟雨蓬茅底，不梦金貂侍玉华。"幽雅僻静的环境，是诗人理想生活的向往。

梅花清冷淡雅的美，有美人的姿态，自古便有"霜雪美人"的意象。苏轼《定风波・红梅》："好睡慵开莫厌迟，自怜冰脸不时宜。偶作小红桃杏色，闲雅，尚余孤瘦雪霜姿。"这是词的上片，开始便以拟人手法，花似美人，美人似花，饶有情致。

梅花美好以传情，陆凯《赠范晔》："折花逢驿使，寄与陇头人。江南无所有，聊寄一枝春。"折梅花寄赠友人，正是借以表达自己以梅花自许，亦以梅花许人，对于友人具有梅花一样品格的赞赏，同时也含有对友人的慰藉之情。

2005 年 4 月 15 日，连战先生在参观北京植物园时，听说刘介宙先生赠送了北京植物园 6000 株梅花，并建设了梅花专类园，非常高兴，欣然为梅园题词"永平梅园"，寓意大陆和台湾永久和平。现在这块有连战先生题词的巨石屹立在梅园南侧入口处，

永平梅园石刻

成为梅园的醒目标志。

2014 年植物园对梅园做了景观提升，共调整植物 90 余株、新增品种梅花 135 株，土壤改良 2000 余方，改造了梅园主入口及现有园中主干路；增加踏雪寻梅道路；改善地形结构，增加景观石等，梅园景观更加完善。

2017 年 4 月 1 日，位于梅园北侧的梅花文化馆试运行开放。梅花文化馆庭院面积约 700 平方米，室内面积 100 平方米，展陈分为梅花历史、梅花品系类型、植物园梅园介绍、陈俊愉院士生平介绍四部分，成为人们系统了解梅花历史的专业文化馆。

水生植物园

该园位于卧佛寺坡道东南侧，北接宿根花卉园，南邻卧佛寺餐厅，东至孙传芳墓院西墙，占地 0.67 公顷，始建于 1959 年，1982 在原址重新规划建设,1984 年 10 月建成开。因为面积较小，尚未达到专类园的专业标准，因此未列入独立的专类园。

本园为一面隆起的盆地式小园，这里原有一大坑，略加整理土方，形成了全园骨架。该园以水为主体，水池面积 1250 平方米，以当地产的卵石砌岸，水源头堆叠成人工瀑布，驳岸迂回曲折,大小水面用汀步分隔,增加了空间上的变化。水生植物以荷花、睡莲、千屈菜为主。驳岸砌石留有种植池，栽植水生鸢尾、花叶芦竹等喜湿植物。在四周的小地形上自然式布置了垂柳、柿树、水杉、元宝枫、油松等，树下的自然式草坪上遍植红黄草、丝兰、箬竹等。此园因地制宜，小中见大，自成格局。

温室大观

植物园的温室花卉区在植物园的中心部位，南面与绚秋园相邻，北面与牡丹园、碧桃园接壤，东面是碧波荡漾的人工湖，西面紧靠西环路。

展览温室花卉区包括热带植物展览温室、低温温室、盆景园三部分。总建筑面积近20000平方米。展览温室内采用最新的科技成果，所有气候因子可以实现全自动计算机控制。展览温室内现有各类植物近万种，是进行植物科普、生物多样性保护和观赏游览的重要场所。成为首都现代化城市的标志性建筑之一，总占地5.5公顷。

盆景园是展示我国古老的盆景艺术的独立小园，园内展览我国不同风格的精品盆景艺术作品。小园婉转徊曲，室内、屋外，处处有盆景点缀，耐人细品。

热带展览温室

1998 年 3 月 28 日，热带植物展览温室开工建设。建筑设计以“绿叶对根的回忆”构想为主题，设计“根茎”交织的倾斜玻璃顶棚和中心玻璃花蕊展厅。展览温室总占地 5.5 公顷，分为四个主展区：热带雨林展区、四季花园展区、沙漠植物展区、专类植物展区。主要展示来自我国和世界各地不同气候条件下的植物及其景观，为生物多样性保护、科普教育、科学研究和观赏提供基地。

经过一年半的紧张建设，1999 年 12 月 15 日，北京植物园

展览温室内景

大温室

展览温室建成。2000 年 1 月 1 日，展览温室试开放。

热带植物展览温室建筑面积 9800 平方米，当时是亚洲地区面积最大、我国国内设备最先进的展览温室，曾被评为北京市 20 世纪 90 年代十大建筑之一。

展览温室为造型优美的 4066 块异型玻璃幕及钢架构筑，远远望去，似一座晶莹剔透的水晶宫；而从高处俯视，又似一颗晶亮的水滴。温室内植物生长环境实行多系统一体化控制和自动化管理，从国内外收集、栽植、展示来自世界各地的热带、亚热带植物 6100 种 60000 余株植物，是人们了解植物、感受自然、丰富知识的重要科普教育基地，也是科研人员进行植物资源保护和科学研究的重要场所。水晶宫般的温室内地形起伏，小路蜿蜒，瀑布飞虹，溪水潺潺，千姿百态的植物形成赏心悦目的景观，也吸引着成千上万的游客参观游览。

温室划分为热带雨林、沙漠植物、兰花凤梨及食虫植物和四季花园四个主要展区，各区因植物的生长需求环境不同而呈现风格差异。

热带雨林展区 热带雨林是人类重要的植物基因库，为了模拟自然环境，让热带植物在温室中健康成长，这一区域作了地形高低落差的处理。这里有世界温室内独有的板根植物；有温室内干径最大、胸径 1.5 米的大榕树；有罕见的雨林奇观、正在“绞杀”中的伊拉克蜜枣和黄葛树。还有热带雨林特有的空中花园、独木成林、老径开花、老径结果等奇异景观。

光棍树

沙漠植物展区 该区种植的仙人掌和多浆植物已经达到 3000 多种，这些奇特新鲜的植物分布在高高低低的人造沙丘上。

光棍树，整棵植物无叶，只有在茎上伸出的细枝。

丝兰被人们称为“稻草人”，它如稻草一样的老叶顶在头上，是为了防止在高温的沙漠里水分的流失。

丝兰

如同石子一样的生石花，不细看会以为真的是一堆褐色的小石头。

一片金琥在区域的西侧，移栽时有的已经是五六十厘米的大球体，经过近二十年的生长，这片金琥茁壮的“虎刺”根根如金芒刺天，十分奇丽壮观。

5.5 米高的仙人掌“巨人柱”、艳丽的“沙漠玫瑰”、一丛丛挺拔的剑兰，令人目不暇接。

兰花凤梨及食虫植物区 这个专类园中品种繁多。

凤梨、热带兰，姿态各异，绚丽多彩。还有捕食昆虫的“猪笼草”“瓶子草”“捕蝇草”，随着音乐摇摆的“跳舞草”，令参观者拍手称奇。

凤梨科植物是一种观赏性很强的观花观叶植物，水塔花属，原产于墨西哥至巴西南部和阿根廷北部丛林中，约50种，多为地生性。叶为镰刀状，上半部向下倾斜，以5～8片排列成管形的莲座状叶丛。我们常吃的菠萝就是这个科的植物。

猪笼草

猪笼草是一种食虫植物，它是攀岩植物，垂下一个个暗红色的囊袋，袋子上还有一个小盖子。它用囊中液体的香味吸引小昆虫，一旦小昆虫被它诱骗滑入囊中，即刻会被消化液淹死，变成猪笼草的养分。而袋子上的小盖，是为了防雨的，十分奇妙。

扑蝇草也是食虫类植物。它长着豆瓣样的绿色夹片。平时它呈张开状，一旦有昆虫触碰到它，两个夹片立即闭合，把昆虫夹在中间，化为养分。

舞女兰长得婀娜多姿，恰似跳着芭蕾舞的女孩子。

四季花园是热带展览温室中最大的空间。在园林布置上采用规则式和自然式相结合的手法，大面积的花坛、花径、花带、花堆、花钵、花球立体布置，让人目不暇接。

老人葵叶片垂下长长的白丝，像是老人银色的胡须；高大挺拔的“大王椰子”、有着“油料之王”美誉的油棕、枝叶如同狐狸尾巴的“狐尾椰子”，还有各种“苏铁”，人们一迈进温室的大门，

温室内景

就可以看到这些北方难得一见的植物。

转过一个弯，一棵5米多高，1.5米粗的“瓶子树”夺目地矗立在那里，这就是有名的“沙漠水塔”。它原产于澳大利亚沙漠地带，树干膨胀，雨季能贮存2吨水，以便供给漫长的旱季使用。同时，它树干中的水分，也成为沙漠旅行者在遇到缺水危难时的“救命水源”。

在四季花园的走廊上，有一组与人体器官极为相似的植物标本“海椰子”，又名“双椰子”“臀形椰子”。这种植物，只产于印度洋上塞舌尔共和国的普拉斯林岛和克瑞孜岛，全世界每年收获的成熟种子只有1200粒左右。它的雌株的种子，状似女性的臀部，雄株的花序有酷似男性的生殖器，在原产地被人们奉为神物。海椰子通常20年到40年才能开花结果，8年左右果实才能

海椰子

成熟，种子发芽最少也要 3 个月。北京植物园通过国家有关部门不仅得到了珍贵的海椰子标本，还引进了种子。在科技人员的精心培育下，6 粒种子已经发芽，这种世界珍奇的植物已经在北京落户，期待若干年后，人们就可以一睹它的芳容了。

四季花园区还有干径 1.5 米的榕树，著名的观赏花木“鸡蛋花”，香港行政区的区花“紫荆”，绚丽的新几内亚凤仙花，以及秋海棠、八仙花、报春花、火鹤、长寿花、宝莲灯和似乎从土地里蓦然涌现出来的莲花状金灿灿的“地涌金莲”。 来自世界各地的花卉构成了多彩多姿的画卷，带给参观者连连不断的惊喜。

地涌金莲

世界上的植物园有三个旗舰种：海椰子、千岁兰和巨魔芋。

巨魔芋是天南星科魔芋属的植物，生长在印度尼西亚苏门答腊岛上。在人们的传说中，它是一种吃人的巨大花卉，其实它并不吃人。因为它的花散发着腐臭味道,所以人们又叫它“大臭花”。

巨魔芋球茎上长一枚或多枚叶子，叶子可长至 5 米 ~6 米高。它的叶子有许多分叉，直径可超过 5 米，覆盖 20 平方米的面积。叶子每生长 9~24 个月后，叶片就倒伏，进入休眠期。而在地下，巨魔芋有着巨大的球茎，最大的达到 154 千克。

巨魔芋的花有雌花和雄花,它们同时藏在巨大的“佛焰苞”里。花开时最惊心动魄，佛焰苞打开时，温度高达 38 摄氏度，同时散发出一阵阵浓烈的“又香又臭”的特殊味道。有趣的是，雌花先开一天，而雄花会在第二天开放。巨魔芋通过花期不遇，达到异株授粉的目的。这种植物在进化中反映出的“聪明”，令人惊诧大自然的伟大。一朵巨魔芋能结 400 多个果实，很壮观。

1887 年，意大利的植物学家贝卡里先生在苏门答腊发现了

巨魔芋

巨魔芋

它，就把他的种子、球茎送到了欧洲。1889 年，巨魔芋在英国邱园第一次开花。之后的一百年，巨魔芋在它原生地以外共开了 150 次花。

巨魔芋

2011 年，巨魔芋第一次在北京植物园开花，这也是它第一次在中国开花。2013 年巨魔芋第二次在植物园开花，这次很奇妙的是一个球茎同时长出三朵花，植物园给它起名“三阳开泰”，小名叫“犇儿”。这三朵花同时绽放，轰动了植物界，也吸引了很多游客前来观赏。

北京植物园有着一只专业的植物科普队伍，他们以植物依托，面对大众，尤其注重青少年科普教育，通过宣传和教育，提高人们的环境意识，保护和改善环境。在热带展览温室内，又专门的科普展厅，设有 20 台触摸式电脑，为游客提供丰富的植物知识，使人在游览的同时受到科普知识的教育。

低温展览温室

低温温室位于植物园中轴路以西，热带植物展览温室的南面，与盆景园、绚秋苑隔路相望。低温温室于 1986 年 9 月 30 日竣工对外开放。

低温温室由北京市园林设计研究院设计，占地面积 10000 余平方米，总体布局具有中国园林的传统风格。高高翘起的马头墙仿造江南民居形式，墙面采用淡绿色，清新雅致。

所谓低温温室，即指冬季最低温度不低于 5℃，以栽培原产亚热带地区的植物为主的温室。植物园低温温室主要采用太阳能取暖，在温室两侧及窗下设太阳能集热间，玻璃窗倾斜 26.5°，以便充分利用太阳能。最冷时增加暖气补充供暖，夏季采用水帘降温。减少了能源消耗和环境污染。

温室建筑采用砖混结构，面积 1900 平方米，分为三个展室。南面的展室面阔 24 米，进深 10 米，高 8 米。北面的两个展室，每个面阔 18 米，进深 9 米，高 6 米。展室间有游廊相连，形成三个院落。

院内叠假山、挖水池、铺草地、栽鲜花、植苍松嫩竹。摇曳的垂柳衬着粉红的榆叶梅，缀满红蕾的西府海棠伴着玉盏般的白玉兰，分外明快亮丽。还有名贵的红豆杉、疏朗的南天竹。小溪、流水、曲桥、汀步、建筑、绿化融为一体，形成优美的景区。

院内北墙上有一幅巨大的彩色烧瓷巨幅壁画，画面以植物园樱桃沟景观为愿型，形象地表现了樱桃沟春天的美景。由于樱桃沟又称作“退谷”，因而壁画名为“退谷春晓”。

进入明亮、宽敞的展室，山石灵秀，小路弯环，溪水轻淌，植物茂盛。展示的植物以山茶花、杜鹃花为主，配以其他亚热带植物。

低温温室内还有花小如金粟却香气悠远的米兰；洁白美丽，芬芳沁人心脾的白兰；树形高大、甜香腻人的桂花和散发着幽香的茉莉。温室展出的观叶植物同样招人喜爱。有叶片硕大、布满孔洞的龟背竹，叶形奇特的鱼尾竹，洒脱俊秀的棕竹，高大潇洒的芭蕉，婆娑的南洋杉，叶片肥厚的橡皮树，等等，美不胜收。

展室大厅内布置了“昆虫世界”，展出具有代表性的国内蝴蝶500余种、世界名蝶260种、世界珍奇昆虫130种。一进入标本展厅，就像来到了蝴蝶大观园。闪蝶、凤蝶、蛱蝶、绢蝶、粉蝶、斑蝶、蚬蝶等各类蝴蝶，竞相媲美。

植物园利用温室展厅开辟“蝴蝶访花观赏区”和“蝴蝶幼虫观赏区”，人们在观赏花木的同时，还可以观赏蝴蝶访花采蜜、求偶、婚飞、双飞双舞表演，观察蝴蝶卵、幼虫、蛹、成虫不同阶段的形态，深入了解有关蝴蝶的知识。

盆景园

盆景园位于展览温室的对面，北临碧桃园，南靠绚秋苑，东面是碧波粼粼的人工湖，与黄叶村曹雪芹纪念馆隔湖相望。

盆景是中国的古老文化和优秀传统艺术。它取材于植物、山石，经艺术加工来浓缩自然的奇观异景，使人们在方寸之间可观茂材修竹，群山叠翠，既顺乎自然，又神工巧夺。它蕴含文学和美学，并集植物栽培学、植物形态学、植物生理学及园林艺术和植物造型艺术于一体，在有限的空间中将中国丰厚的文化艺术底蕴展现得淋漓尽致，把观赏者带入一种深邃幽远的意境。中国盆景艺术炫耀着中国民族文化的光辉，已成为中华灿烂文化的瑰宝。

盆景远在汉朝已具雏形。唐朝盛极一时，成为贵族、宫廷陈设的珍品。杜甫诗云："一匮功盈尺，三峰意出群。望中疑在野，幽处欲生云。"

一走到盆景园门前，迎面是一个小巧精美的牌楼，上面书写"立画心诗"，四个大字。揭示盆景艺术的真谛是立体的画、心中的诗。盆景园占地 20000 平方米，分为室内、室外两部分。其中展室面积 1350 平方米。在设计新颖的展室内，展示着全国各地的优秀盆景作品。其中包括著名的岭南派、川派、苏派、扬派、海派、徽派六大流派的作品。

展室分为以展览北方特色盆景为主的北京风格展厅、以获奖盆景为主的精品厅、以盆景多样性为主的综合展厅、以六大流派为主的流派厅等，展厅内配以观赏石和根雕艺术。

我国著名的盆景流派各具特色。岭南派以树桩盆景为主，雄浑苍劲，古朴自然的风格，构图潇洒轻盈；川派盆景采用棕丝缚扎，讲究树干的规则式弯曲，枝叶跨度很大，叶片形式有疏有密，十分丰富；苏派盆景以规则式为主，注重干枝的造型，技法上粗扎细剪，以剪为主，以扎为辅，布局构思灵巧入微、周密细致淳朴、清秀淡雅；扬派盆景制作历史悠久，从元朝起"扎片"技法已盛行，加工时常以棕丝扎缚枝干，使之逐步成形，枝叶多扎成薄薄的“云片”，树姿层次分明，严整平稳，缚扎时每一片内的小枝，常扎成若干道弯，弯弯相套，枝不搭枝，“一寸三弯”；海派盆景不受传统规范的约束，吸收百家之长，创自己独特风格，姿态纷呈，流畅入画；徽派盆景主要以梅桩为代表，造型严谨，格调凝练，讲究对称，特别在“曲”字上颇见功夫，主要形式有“S”形盘曲的“游龙式”，主干三弯，层次分明。

展室内罗汉松、龙柏、榕树、苏铁、榔榆、三角枫等盆景，或苍古拙朴、老而弥健，或求雅脱俗、令人遐思。除了树桩盆景，室内展厅展出的山水盆景也很耐人寻味：孤峰式、组合式、偏重式、高远式、悬崖式，不胜枚举。清秀的“漓江水景”，险峻的“黄

盆景园

山胜景”，雄浑的“气吞山河”，意境深邃的“远山”，都给人留下深刻的印象。

赏石点缀在盆景中间，有油光发亮的黄蜡石、洁白如雪的钟乳石、黑亮的灵璧石、花纹奇特的菊花石、色彩明快的五彩石，琳琅满目，令人赞叹。

盆景园室外展区主要展示露地栽植的大型桩景，石榴、紫薇、榔榆、油松、黑松、银杏、女贞等70余株，姿态古拙奇特，令人赞叹。被誉为“风霜劲旅”的古银杏桩，其胸径1.3米，高3.8米，树龄达1300多年，是桩景中罕见的“银杏王”。

此外庭院南端一架凌霄、一架紫藤围合成天井，红梅、翠竹、青松相映成趣。院内苍翠的铺地柏、树枝卷曲的龙枣，树干如龙盘的金枝槐，枝条紫红的红瑞木，明黄柔美的金丝垂柳、粗榧、糯米条、锦带花……与盆景一起组成优美的画卷。

庭院北面有一小亭，名曰“心驰”。亭前有假山和水塘，瀑布自山上泻入池塘。水中栽睡莲、荷花、王莲，水面碧叶田田，水中锦鲤成群，畅游嬉戏。园虽小，秀木其中，令人流连忘返。

园中独景

北京植物园山环水抱，景色优美。园林设计师用他们的智慧和审美，为人们营造了一个个接连不断的美景，人们漫步其间，目不暇接，惊喜连连。

这些景观散落在植物园200公顷的开放面积内，它们有历史的依存，有新造景观，园艺师运用了多种园林造景手法，既体现了植物园身后的历史文化，又展现了现代植物园的魅力。

三潭映西山

三潭，是指位于植物园中心景区的三个新造的人工湖面，由南湖、中湖和北湖组成。

2003 年春季，植物园利用河滩地原有的水库、河道、小型人工湖，开始动工建设集水蓄水工程，当年建成从樱桃沟开始，高低错落的 6 个人工湖和 2600 多米的溪流，整个面积达 10 万平方米。其中位于主景区三个人工湖面面积最大，贯穿了整个主要游览区。工程使植物园的景观得到了整体的提升和改观，2003 年秋季即形成了良好的景观效果。

山环水抱

中湖

南湖

近处绚秋园、碧桃园、盆景园、月季园、黄叶村、树木园等，环绕三个湖面；不远处有香山香炉峰苍翠奇秀的山峰作为背景；北湖更是静卧在寿安山、金山的怀抱里。三个湖面就像三个大屏幕，以蓝天白云为底色，演绎着四时不同光景。

诗人徐志摩说，“北京的灵性，全在西山那一抹晚霞”。植物

南湖北岸《茁生》雕塑

园湖区的东岸，是近观西山晚霞最好的地方。从夕阳缓缓地步履，到它不情愿的徐徐降落，再到落日的余晖，天气晴好的时候，人们每天在这里都可以观赏到大自然上演的这幕辉煌壮观的大剧，体会诗人笔下的西山灵性。

桃花溪谷

南湖与中湖之间，有千余米历史遗留的河道，园林设计师对这一段河道作了景观处理。利用自然落差，由北向南，跌水落差形成一个个小瀑布;石岸曲折多变，时有巨石突兀，形成幽深沟谷。两岸密植山桃、碧桃，岸石侧植迎春。

早春二月，山桃绽放，一片粉云掩映溪流，令人不禁想起陶渊明的《桃花源记》:“夹岸数百步，中无杂树，芳草鲜美，落英缤纷。”游客行于桃溪东岸，看隔岸花枝相探，黄灿灿的迎春花在粉云中跳跃，怡然自乐是自然而然的。

待山桃欲凋，碧桃花迎时怒放，再掀花海高潮。而此时岸边小路最美，人们在山桃纷飞的落英中，欣赏盛开的碧桃。

花开时节，从绚秋园东北侧平桥上观赏此景是最佳角度，摄影爱好者多在此等待旭日东升，温暖的阳光轻轻覆盖沟谷，幻化出千变万化的光影时，按下快门，记录美好。

郁金花海

郁金香原生长在中国天山，在 1554 年从土耳其引入欧洲，从此立刻风行世界。17 世纪时，郁金香竟然成了荷兰金融投机商们竞相疯狂追逐的目标。

关于郁金香，还有一个美丽的故事：古代有位美丽的少女住在雄伟的城堡里，有三位勇士同时爱上了她。一个送她一顶皇冠；一个送她一把宝剑；一个送她一个金堆。但这些都不是她喜爱之物，她只好向花神祷告，希望花神赐予她真正的爱情。花神深受感动，知道爱情不能勉强，遂把皇冠变成鲜花，宝剑变成绿叶，黄金变成球根，这样合起来便成了郁金香了。由此，在每年的情

郁金花海

郁金花海

人节，少男少女们便用玫瑰和郁金香传情送意给自己的心上人。

郁金香属长日照花卉，性喜向阳、避风，冬季温暖湿润，夏季凉爽干燥的气候。8℃以上即可正常生长，一般可耐 −14℃低温，耐寒性很强。北京植物园具有郁金香生长的良好自然条件。

植物园的郁金香展区位于北京植物园科普馆的西侧，这里共栽植球根花卉 180 个品种 80 余万株。其中郁金香约有 65 万株，除了郁金香，风信子、洋水仙、贝母、观赏葱等 15 万球根花卉也在展区内陆续开放。

每年 4 月中旬左右，是郁金香的最佳观赏期。此时，高大的杨树下一片郁金香的花海，红、黄、白、黑，一片片由不同颜色郁金香组成的大色块，绚丽地铺在大地上，使人痴醉神迷。

这里是游客最喜爱的地方，每逢花季，从早到晚，游客流连忘返，络绎不绝，他们忘情地拍照，似乎要把这美丽的景色印在脑海，带回家中。

独木成景

独木成景是园林造景的一种手法，一般采用高大、树形优美的乔木，单株或者两三株作为突出的主景，让人们尽赏植物的自然之美。北京植物园内，有几处这样的景观。

月季园东南侧的草坪上，开阔的空间，几株高大的杨树矗立在绿色的草坪上，银白色的树皮与草坪的嫩绿形成优雅的色彩搭配；杨树不规则的树冠上，千万片深绿色的树叶在风中热烈地鼓动，发出哗啦啦的乐音。这样的景观会触动、感染人的心灵，会自然而然地和着自然的节拍律动。

独木成景

碧桃园的南入口处有一株英桐，它高大壮硕，树冠庞大。春天赏它的旺盛的生命力；夏

千年古槐

天享它的一片天似的浓荫；秋天观它一树灿烂的秋色；冬天则看它严寒中凛然矗立的发达的枝杈。它四季有景，四时可赏。北湖西岸的山脚，英桐两两配植，也可赏到如此景观。

植物园北湖向南，有一座小小的龙王庙。庙前有一株古槐，直径 3 米左右。以国槐缓慢的生长时间来估算，这株古槐树龄已经在千年以上。这棵古槐，老干苍劲，树皮深褐色，裂纹清晰深刻。树冠庞大，虽然历经千年，树枝已经不能再有向上、向中心聚拢的青壮年态势，而是下垂平展，如同俯地的苍龙。它浓荫蔽日，几近贴地的新枝依然缀满豆状槐花，结出饱满的槐豆。它顽强的生命力，着实令人赞叹。

水杉丛林

此景在樱桃沟内。水杉被誉为“植物活化石”，樱桃沟温暖湿润的自然环境非常适合水杉的生长，因此自 20 世纪 70 年代初播种繁殖，这片水杉长势良好，棵棵身姿挺拔，羽片状的绿叶清新可人。

进入樱桃沟，若走沟谷低下的栈道，便可身置水山林中。抬头一片葱绿，低头小溪潺潺，可纵享山林之乐。若从东侧紧挨山崖的小路上进沟，则可赏水杉树郁郁葱葱的树尖。每年春天新叶如片片轻盈的嫩绿色羽毛镶于枝上，令人欣喜异然。

自春日花开，水杉嫩芽初萌，每逢周末，沟谷栈道一线都会喷放水雾。人们行于栈道，如同在仙境一般。

歪脖老树

此景在黄叶村曹雪芹纪念馆门前东侧。这棵古槐树形奇特，犹如一条苍龙从天而降，头落在地上，身子向上横斜伸展，百姓称为歪脖老树。它斑驳苍老的枝干，不禁令人联想起 200 多年前生活在这里的曹雪芹坎坷传奇的人生境遇。

我们古人有先安宅，后植槐的习俗，所以凡是有古槐的地方，应该伴随有古建。这棵树有着考证清代伟大的作家曹雪芹居所的价值，它身后就是曹雪芹写作《红楼梦》的正白旗39号院旗下老屋。在香山百姓的口碑里，关于曹雪芹的住地，有“门前古槐歪脖树，小桥溪水野芹蘼”的说法，随着时间的流逝和历史的变迁，小桥流水已经不见了踪影，但是这棵“歪脖老树”就像一个地标，除了植物的观赏性，还具有重要的人文价值。

银杏金秋

植物园内观赏银杏的地方主要有两处：一处是黄叶村，另一处使卧佛寺内三世佛殿两侧的古银杏，两处有着内在而紧密地人文关联。

卧佛寺在古代文人的诗中被称为“黄叶寺”，清代郑板桥到西山拜谒卧佛寺住持、大德高僧青崖时曾有《访青崖和尚、和壁闲晴岚学士虚亭侍读原韵》一诗：

西风肯结万山缘，吹破浓云作冷烟。

匹马径寻黄叶寺，雨晴稻熟早秋天。

渴疾由来亦易消，山前酒旆望非遥。

夜深更饮秋潭水，带月连星舀一瓢。

屋边流水势潺湲，峭壁千条瀑布繁。

自是老僧饶佛力，杖头拨处起灵源。

烟霞文字本关情，袍笏山林味总清。

两两凤凰天外叫，人间小鸟更无声。

诗中他把卧佛寺称作黄叶寺，这虽是诗人艺术化的称谓，但直接的原因，还是来自古银杏树秋天的绚丽之美。这两株银杏，让千年古寺在深秋里有了跃动的生机。

曹雪芹的朋友敦敏把曹雪芹居住的正白旗称作黄叶村，诗句中有“著书黄叶村”“清磬一声黄叶村”等，也是因为这里秋色一片金黄。

卧佛寺银杏

黄叶村南门内外，种植着一大片银杏树，金秋十月，银杏扇形的叶片在风中翻飞，如舞动的蝴蝶，阳光洒在上面金光闪烁，异常美丽。秋季是观赏黄叶村银杏的最好季节。

二度梅开

卧佛寺天王殿前东侧，有一株蜡梅，据说是 1300 多年前建寺时所植。卧佛寺原名兜率寺，最初是为安放跟随唐太宗东征时死难将士的灵位而建。清冷的寺庙里，忠烈的幽灵被这蜡梅的幽香陪伴着，不得不佩服设计者的良苦用心。后来这株蜡梅毁于战火。经年后，枯枝又发新芽，重获茂盛的生命力。

这株蜡梅每年元旦前后开花，花朵呈娇黄色，花瓣蜡质。此花虽小，却幽香异然，花开时节，整个卧佛寺院落都浸在其香氛里。

二度梅

卧佛寺蜡梅花开

近几年，卧佛寺月池院补植了百余株蜡梅，每逢新年，到卧佛寺赏蜡梅，已经成为北京人的一个节日习俗。

海棠花溪

植物园海棠园内，小路蜿蜒，由于设计师巧借了自然地势的高低起伏，曲线流畅优美的小路于海棠花丛中如溪水般穿过。每逢春日，海棠春花似火，层层叠叠，花荫浓密，连绵不断，而待花落时节，白的、粉的、嫣红的、紫色的花瓣飘落在小路上，则小路成为名副其实的“花溪”，十分美丽。

苍郁海松

海松在天王殿院内，甬路东、西各有一棵。胸围 3 米有余，高 20 余米。为唐代建寺时所植。

明末区怀瑞在《游业》中记载：天王殿前“左一海松，后殿卧佛一，又后小殿更置卧佛一，俗遂称卧佛寺”。

励宗万在《京城古迹考》中有，寿安寺“更有苍松一，在殿之东”，这里的苍松，即为这棵“海松”。

海松

古人松柏不分，此处“松”，实为柏树。古柏树干斑驳，树冠苍郁，虽寿千年，依然十分强壮。

此处有一疑案未解：甬路两侧的海松，从外貌观察，应为同时栽植，但仅东侧一棵见诸文献记载，其因待考。

古柏夹道

此景多见于古籍记载,在《鸿雪因缘图记》中称之为“驰道”。

孙承泽在《天府广记》中写道:“大松两行拥之,香翠扑人衣裾。”

被孙承泽称作的“老柏”,至今又300余年过去了。穿过“智光重朗”牌楼,借着坡道地势,这些千年古柏依然舒展着身姿,忠诚守卫着古寺。今人在游览卧佛寺时,走在“古柏夹道”上,自下而上,步步升高的崇敬感油然而生,与其说去拜佛,更不如说是穿越千年的历史,从一座古寺,去看北京千年的历史进程。

古墩秋眺

曹雪芹的朋友敦敏《西郊同人游眺 兼有所吊》诗中有“秋色召人上古墩,西风瑟瑟敞平原。遥山千叠白云径,清磬一声黄叶村”的诗句,他所言的古墩,实为曹雪芹生活范围内的一个较高敞的地方,这里可能是文人们喜欢登高望远的之地,在这里可以观赏到卧佛寺一带绚丽的秋色,听到寺内传来的钟磬之声。后来

碉楼早春

人把这个“古墩”理解为可以攀登的“活碉楼”了 。就今日而言，260 多年前的碉楼，亦可称为古墩了。

植物园后湖东西两侧各有一古碉，是乾隆皇帝金川战役后，用来破坏西山“龙脉”的“镇物”。黄叶村内北端的碉楼,为新建。这几座碉楼掩映在一片秋色之中，成为植物园内一个具有怀古意味的景观。

古井微澜

在黄叶村北端栅栏内，原来正白旗村生活用水的古老井口和井台。香山地区因地势高，因此水位较低。这口井深约 30 丈，终年不竭，是历史文物。

20 世纪 90 年代曾有人“向井里投下一颗石子，许久，才听到自下而上，由小而大传来阵阵清越的溅声，久久不绝”。现在井口已经封闭，而用当地虎皮石和黄泥砌成井架和古老的井台，彰显着岁月的沧桑。

纪念馆后古井

曹寅《西堂限韵》诗曰："抱瓮汲深井，井深耸毛发。"两个"深"字，即是指此。也许曹雪芹当年就用这井水来磨墨写作《红楼梦》的。

北纬 40 度标志

北纬 40 度地处北温带，气候特点为冬冷夏热，四季分明。根据地区和降水特点，该温度带可分为温带海洋气候、温带大陆气候、温带季风气候和地中海气候几种类型。

从植被上看，该温度带主要有阔叶林、针叶林和针阔混交林、

北纬40度

温带草原、温带荒漠及半荒漠等。

北纬 40 度横跨欧洲、地中海、亚洲、太平洋、北美洲与大西洋。北纬 40 度线上，坐落着许多国际著名城市，如美国大都市纽约、芝加哥以及土耳其名城伊斯坦布尔等，并串起了多个国家的首都，如：中国首都北京、西班牙首都马德里、土耳其首都安卡拉等，因此被誉为地球的“金项链”。

在北京，北纬 40 度在植物园、圆明园、清华大学、奥林匹克公园一线穿过。北京这个有着 3000 多年建城史、850 余年建都史的东方古都就坐落在这条纬度线上，成为该纬度线上一颗璀璨的明珠。

人文景区

北京植物园具有丰富的植物资源、优美的园林景观及深厚的文化内涵，园内有著名的历史名胜古迹，包括国家重级文物保护单位十方普觉寺（卧佛寺）、樱桃沟、北京市文物保护单位梁启超墓园、王锡彤墓园、著名旅游景点曹雪芹纪念馆、一二·九运动纪念亭及樱桃沟自然风景区等。

这些历史人文景观，是北京植物园区别于世界上其他植物园的文化标识，是人类认识自然、敬畏自然、顺应自然和享受自然与大自然融合的最好例证。为人们在游览植物园自然景观的，增加了历史的厚度。

卧佛寺

卧佛寺正名为“十方普觉寺”，始建于唐贞观年间，距今已有1300多年历史，是北京现存的最为古老、规制最高的寺院之一。卧佛寺之名为俗称，因寺中主尊为卧佛造像而得。

从始建到清王朝灭亡，卧佛寺一直是皇家寺院。它的主持由皇帝钦点；它历朝历代的修缮，费用均出自“帑银”；它的供奉也体现了帝王们对佛的虔诚。清雍正、乾隆时期，在卧佛寺的西路院建起行宫院，这里又成为帝王礼佛、处理公务和澄怀静心之所。

卧佛寺称始“兜率寺”，为天宫最高层之意。在1000多年的历史演变中，寺名几经更改，曾有“昭孝寺”“洪庆寺”“寿安寺”“永

雪后卧佛寺琉璃牌楼

安寺”等名。清雍正皇帝在卧佛寺大修后，为该寺赐名“十方普觉寺”，此名沿用至今。

该寺建筑格局规整，其整体布局按清代建筑平面可分为牌楼、月池、钟鼓楼、佛殿、寺僧起居和行宫6部分。

佛殿包括山门殿、天王殿、卧佛殿、藏经楼。自山门殿至卧佛殿，砌甬路贯通南北，构成整个寺院布局的中轴线。四周廊庑形成一长方形“四合头”封闭院落，此院落统称为佛殿院。梁思成先生认为该寺保持了唐宋以来，“伽蓝七堂”格局，“在北平一带，却只剩这一处唐式平面了”。

卧佛寺总占地面积达4万余平方米，有东中西三路院落，前后五重殿宇，规模宏丽而严整，被雍正皇帝誉为“入山第一胜境，西山兰若之冠”。

唐代的檀香木卧佛与元英宗所铸铜卧佛，在400多年的历史时空中共存一寺，这在建筑史、宗教史上均为奇观。加之卧佛寺周边自然环境优美，寺内独特的植物景观，使得卧佛寺不仅是帝王们御驾频莅，也是文人墨客踏青郊游的胜地。自元代以来，众多名人留下了大量诗赋题咏，成为我们了解历史上的卧佛寺珍贵资料。

“智光重朗”牌楼 “智光重朗”牌楼为于卧佛寺的最南端，是卧佛寺第一处景观。牌楼四柱三间三楼，柱出头庑殿式木质牌楼，灰筒瓦顶，朱红漆柱。朝南的正楼额枋上书写着“智光重朗”四字，两边次楼额枋上原书“如来胜景”。牌楼背面书有“妙觉恒玄”四字。“智光重朗”应该是寺庙重修，佛法重新普照一方后题写

“智光重朗”牌楼

上去的。

丛林坡道 卧佛寺“智光重朗”牌楼至“同参密藏”牌楼之间，是一段矮墙相护、古柏夹道、步步升高、长 134 米的石砌坡道。坡道分作三路，由两行粗壮茂盛的古柏分隔开来。中间一路为寺庙原有的古道，稍宽，两边较窄。古柏夹道之间是石道，《鸿雪因缘图记》称其为“驰道”，“长里许，夹以古桧百章”。清初，隐居在樱桃沟著书的孙承泽在《天府广记》中有“大松两行拥之，香翠扑人衣裾”的描述。

整个坡道有侧柏 41 株，其中丁级古侧柏 37 株，最粗者胸径达 1.42 米，胸围达 4.48 米。据推测，这棵最古老的柏树树龄已达 1300 多岁，是唐朝建寺时所植。整条坡道古柏耸列，树影斑驳，夹路参天，且路面徐徐升高，使人们感觉从尘世－步步走近佛境，顿起庄严肃穆之感。

古柏夹道

“同参密藏”牌楼 从林坡道的尽头即是卧佛寺的“同参密藏”琉璃牌楼，它是卧佛寺的标志性建筑。琉璃牌楼建于清乾隆四十八年（1783），四柱三间七楼，单檐歇山黄琉璃瓦顶。须弥座、夹杆石和拱门为白石雕刻，柱间隔以朱墙。两侧次楼匾上镶有琉璃砖拼接的二龙戏珠图案，中间正楼匾上镌有乾隆皇帝御书的“同参密藏”四字。背面为“具足精严”四字，亦为乾隆皇帝所题。琉璃牌楼华丽精美，五彩斑斓，规模宏大，堪称寺内一绝。该牌楼与香山昭庙、国子监、东岳庙等地琉璃牌楼同等规模，是北京最富丽堂皇、做工最精美的牌楼之一。

明成化十八年（1482），明宪宗敕建寿安寺“如来宝塔”就在此处。这座宝塔“蟠固峻峙，巍峨山立，而神光华灯，昕夕露现，屹望于数百里外，真福地之奇迹也”。为了纪念工程的建造，

卧佛寺牌楼

宪宗亲自撰写了塔铭碑文。

月池　卧佛寺放生池以条石砌就，呈半月形，故又名月池。

佛教认为放生就是慈悲的一种具体表现。为了方便信众放生，寺庙中一般都建有放生池，供信众对鱼、龟等生灵进行放生。因为信仰放生即是积德，所以放生池又名“功德池”。月池东西长30.8米，南北最宽处9.5米，四周有石栏板、栏杆维护。池中正对寺的中轴线，月池之上架单拱汉白玉石桥，入寺僧众须从此过，方可入山门。过桥两侧是草坪和花圃，整体造型优美。

放生池

民国时期的月池为短墙围护，池东

卧佛寺内小石桥

北角开口，使人可近水面。

钟鼓楼　在月池北边的东西两侧，按照“晨钟暮鼓”的规制，山门殿前东侧为钟楼，西侧为鼓楼。钟、鼓楼皆为方形，面阔 6.2 米，双层高 8.1 米，重檐歇山灰瓦顶。

钟、鼓是寺院内的起居号令，凡遇有重大的佛事活动，或撞

卧佛寺钟楼

卧佛寺鼓楼

钟或擂鼓，或钟鼓齐鸣，皆按宗教章程有严格的规定。钟楼内保存着铸于明代万历二十九年（1601）的铁钟。铁钟造型优美，声音清脆悠扬，是卧佛寺内重要的历史文物。其中一面钟身上镌“敕赐洪庆寺重开山门第一代主持智亮”字样。根据这句铭文，似乎有一次重修，此钟为纪念那次修缮而铸。

山门殿 卧佛寺山门殿位于放生池的正北面。卧佛寺山门殿面阔三间，歇山筒瓦顶。殿额“十方普觉寺”原为雍正皇帝所赐，现为中国佛教协会原会长赵朴初题写。殿内两侧供奉哼哈二将立像。哼哈二将像原高 2.95 米，“文化大革命”中被破坏。现有塑像为 1984 年重塑，现像高 4 米，威风凛凛，形象生动。

山门殿

天王殿 天王殿位于山门殿北侧，是卧佛寺的第二重殿宇。山门殿与天王殿前以砖砌甬路相连。天王殿面阔三间，飞檐歇山顶，门外放置着铜制方形香炉，殿正中供奉袒胸露乳、笑口常开的弥勒佛坐像。卧佛寺弥勒像原为木制漆金，高 1.6 米，“文化大革命”中遭到破坏。现供奉勒像高 1.15 米，泥塑。

弥勒佛两侧为四大天王泥塑彩绘像，原像高 3.4 米，现像为 1983 年底重塑。四大天王的排列为东北是东方持国天王，其身白色怀抱琵琶；东南是南方增长天王，其身青色执宝剑；西北是北方多闻天王，其身绿色执宝伞；西南是西方广目天王，其身红色持蛇类。四天王脚下各踏二鬼神，以示威武。

弥勒佛像后为韦驮泥塑站像。卧佛寺原韦驮原为木制漆金，高 1.95 米，现为泥胎。

甬路东侧有石碑一通，为民国时“洋灰大王”王锡彤之子、中华民国参议院议员王泽颁撰文。文中记述了民国时重修卧佛寺的起因和过程：

王泽颁母亲、民族资本家“洋灰大王”王锡彤夫人赵太夫人，笃信佛教，修为甚好。死后曾“暂儆寺屋”，以待卜葬西山之麓。

天王殿及两侧海松

王锡彤家族墓地，就在卧佛寺坡道下东行 200 米处，香山百姓称为“洋灰大王墓”。

碑文记载了 1935 年，长城告警，战事已经“箭在弦上”，王泽颁为母亲在卧佛寺扶灵守孝，身在西山古寺里，也“一夕数惊”。既为国事担忧，又因半月阴雨，忧虑墓园工程不能完工的焦虑心情。唯一能做的，就是口宣佛号，祈求佛的慈悲护佑。也许是赵太夫人的功德，也许是王泽颁的虔诚感动了上苍，就在灵柩抬起出寺的瞬间，天空豁然开霁，祥光拥现，曦轮赫奕。而当葬事甫竣，阴雨如故。

为感恩佛的护佑，王泽颁发起重修卧佛寺。

三世佛殿　三世佛殿即很多寺庙中的大雄宝殿，面阔五间，进深三间，长 24.32 米，宽 13.5 米，单檐歇山绿琉璃瓦顶，黄琉璃瓦剪边，为寺中最大的佛殿。所以，一般文籍记载三世佛殿直称其为“殿”或“大殿”。

殿门额上悬乾隆御题“双林邃境”一匾，木托铜字。大殿抱柱悬挂乾隆御制楹联“翠竹黄花禅林空色相，宝幢珠珞梵语妙庄严”。 对联则赞颂禅教看破色相，直达本心的修行境界以及佛地净土的无上庄严。现三世佛殿对联为爱新觉罗·溥杰于 1983 年 2 月题写。

三世佛殿内须弥座上供三世佛坐像。从东向西分别为药师佛、释迦佛、阿弥陀佛，为木制漆身，高 2.4 米。释迦牟尼佛前原有迦叶、阿难立像，亦木制漆金，高 2.3 米，诸像均毁于“文化大革命”，现供佛像为 1983 年重塑。

三世佛殿东、西、北三面围坐十八罗汉泥塑彩绘坐像，像高1.79米，形态生动。

三世佛殿东侧从南数第一尊罗汉塑像与其他罗汉塑像不同，该罗汉披龙袍、留长髯，威风凛凛，造型颇似一位年长的君主。据香山民间传说，这尊罗汉是根据乾隆皇帝的形象塑造的。乾隆认为自己贵为天子，佛学修养很深，为罗汉转世，因此命人把自己的塑像供奉在三世佛殿之中。

三世佛殿后半部分是面向寿安山（即三世佛身后）的“倒坐观音”塑像。

此尊观音为近年恢复的，观音面容慈祥，姿态自然，身上法衣图案用传统的“拨金”法精雕细刻。

三世佛殿原为唐代建寺时的卧佛殿，殿内供奉一尊按照玄奘

三世佛殿

法师从天竺带回格式制作的檀香木卧佛。至清雍正末年，怡亲王允祥家族大修卧佛寺时，将檀香木卧佛移往别处。至此，自元朝至治元年（1321）铜卧佛铸造，至清雍正十二年（1734），长达400多年的时间里，两尊卧佛共处一寺的胜景消失了。

东西配殿 三世佛殿有东、西配殿各三间：东配殿为伽蓝殿，原供波斯匿王、祇陀太子、给孤独长者三像。

西配殿为祖师殿。殿内正中原供禅宗初祖达摩禅师坐像，旁边供有地藏菩萨坐像。

东西配殿的神像均毁于“文化大革命”中，现供佛像为2009年重塑。

游廊 梁思成先生在“卧佛寺平面”一文中所说的“由山门之左右，有游廊向东西，再折而向北，其间虽有方丈客室和正殿的东西配殿，但是一气连接，直到最后面又折而东西，回到后殿左右。这一周的廊，东西（连山门和后殿算上）十九间，南北（连方丈配殿算上）四十间，成一个大长方形。中间虽立着天王殿和正殿，却不像普通的庙殿，将全寺用‘四合头’式前后分成几进。”梁思成先生看到后，赞叹是“这是少有的”。正是这由游廊相衔接的“四合头”，使寺院保持了唐宋以来有“伽蓝七堂”的格局。

1958年，北京市文物普查时，这里还有游廊，20世纪60年代以后，这些游廊被拆除。

清代石碑 三世佛殿院内甬路东西两侧各有一通石碑。东侧为雍正皇帝瞻礼石碑；西侧为乾隆皇帝瞻礼诗碑。

雍正十二年（1734），怡王府修缮卧佛寺工程基本完毕。雍正皇帝为之作《御制十方普觉寺碑》，立于三世佛殿前甬道东侧。

由碑文的题名和落款可知，碑文虽然由雍正皇帝御制，但碑刻上书写的文字则由擅长小楷的励宗万书写。

在碑文中，雍正皇帝解释了他为卧佛寺定名为“十方普觉寺”的原因，他认为卧佛寺内卧佛是佛游王舍卫城的写照，实乃“一佛独卧”“十方普觉”，故名。

为了表示对弟弟修缮的这座寺庙的重视，雍正皇帝还将自己亲信的超盛禅师派到卧佛寺，主持寺庙一应事务。雍正皇帝为超盛题写了“花气合炉香馥郁，天光共湖影空明”的对联，悬挂于卧佛寺方丈院内。

雍正《御制十方普觉寺碑》背面为清乾隆皇帝瞻礼诗，落款是“乙巳”年，为乾隆五十年（1785），诗中提及“癸卯曾经此落成”

卧佛寺乾隆瞻礼碑

是指乾隆四十八年（1783），卧佛寺大修之事。诗作于卧佛寺重修工程完工之后二年。

三世佛殿甬道西侧乾隆瞻礼诗碑前后均为乾隆皇帝所作。从石碑上乾隆诗的落款可知，乾隆四十八年（1783）、乾隆五十年（1785）、乾隆五十二年（1787）、乾隆五十四年（1789）、乾隆五十八年（1793），乾隆皇帝至少五至卧佛寺，几乎每两年一游卧佛寺。乾隆皇帝对卧佛寺的喜爱，由此可见一斑。

乾隆御用乾字章

乾隆诗末皆有乾隆常用的乾卦符号印、“古稀天子之宝”印。碑正面落款处还加盖了具有这位帝王特点的“乾字章”。

铜钟　三世佛殿东侧钟架上悬挂着第二代怡亲王弘晓铸造的铜钟，钟上的铭文告诉我们，该钟铸造于乾隆元年（1736），似为雍正十二年（1734）大修完成后所铸。乾隆元年的“怡亲王”为允祥之子弘晓，弘晓曾随驾来卧佛寺，并留有诗作：

乾隆元年怡亲王造铜钟

随驾幸卧佛寺恭记

扈从山行好，清晨辇路幽。

花宫瞻此日，卧佛已千秋。

日映朱旗动，风飘香篆浮。

吾皇偶临幸，不是喜宸游。

恭和《御制香山示青崖和尚》韵

翠华遥临古刹新，四围山色映芳津。

祇林寂静通方丈，莲社因缘契上人。

法界潮音飘碧落，诸天香气奉清尘。

追陪笑指拈花处，应悟观空色相真。

卧佛殿 卧佛殿位于三世佛殿之后，为寺内主轴线上第四重殿宇。卧佛殿面阔三间，单檐歇山，绿琉璃瓦顶，黄琉璃瓦剪边。殿里供奉着十方普觉寺的主尊铜卧佛。

卧佛殿建筑面积196平方米，略小于三世佛殿。

卧佛寺大殿门额上悬挂慈禧皇太后所书“性月恒明”匾，门两侧抱柱楹联一副：“发菩提心印诸法如意，现寿者相度一切众生”，为溥杰先生题写。

卧佛殿内宝床上供奉着元英宗时铸造的铜卧佛，佛像长5.3米，高1.6米，重约50万斤。《元史·英宗纪》记载，冶铜五十万斤，役卒万余人，历时十年（指先后修缮时间），耗银五百万两。

该卧佛为中国，也是世界上现存最大的铜制卧佛。佛像头西面南，倒身侧卧状。双腿平伸，右手曲肱托首，左手自然平舒放在腿上。佛像面部安详，体态自如，浑朴精致，表现了佛教艺术净化、肃穆的风格和元代高超的冶炼铸造技术。

卧佛像后，环立着释迦牟尼的十二名圆觉，亦称“十二大士”，

卧佛殿

他们分别是：文殊师利、普贤、普眼、金刚藏、弥勒、清净慧、威德自在、辨音、净诸业障、普觉、圆觉、贤善首。十二大士像高 2.05 米，底座 0.3 米。

十二弟子表情严肃，神态安详，手持莲花，俯首而立。最早的圆觉像应为元代塑造，距今已有 600 多年的历史。东面的五尊弟子像，在 1954 年殿后墙坍塌时被砸坏，于 1955 年重新修复的。

卧佛殿慈禧书性月恒明匾

卧佛像

卧佛前台案上供奉有铜制的佛教“八宝”。亦名八吉祥，八瑞像，分别是宝瓶、宝盖、双鱼、莲花、右旋螺、吉祥结、尊胜幢、法轮。

卧佛寺内的供奉

卧佛殿内悬挂“得大自在”匾，为乾隆皇帝御题。

卧佛殿内东侧木桌上摆放着许多巨大的鞋子。这些鞋子都是由历代皇帝和善男信女们供奉的。

藏经楼　藏经楼位于卧佛殿后，是寺院的最后一座建筑。面阔5间，有前廊，卷棚硬山箍头脊，灰筒瓦顶，东、西两侧各有3间北配房。

明清两代，卧佛寺不但以卧佛出名，还以藏经著称。明英宗、

藏经楼

明神宗分别给卧佛寺赠“大藏经”。《宛署杂记》载，“万历年两幸其地，赐藏经”。清朝雍正皇帝还将自己亲笔辑录的佛经语录赐予该寺。

由于元、明、清三代皇帝对卧佛寺的眷顾，屡赐经书，加上寺僧不断的收藏，卧佛寺中佛经甚多。

由于经书众多，为了防止潮湿、虫蛀损坏经书，寺僧每年都要把经书拿出来晾晒。每年的农历六月二十四日为卧佛寺“晾经日”。这一天，卧佛寺的僧人都忙碌起来，把经书从书柜里拿到院子里晾晒。需要晒晾的经书很多，周边寺院的僧人都要过来帮忙。晒晾前，还要举行隆重的诵经仪式。

1936 年，段祺瑞死后，因战乱难择墓地，其灵柩曾在藏经楼下层停放，解放后由其家人移走。

寿山亭

寿山亭 亦名“半山亭”，在藏经楼后山上，海拔 160 米，建于 1980 年，为卧佛寺中轴线最高点。

寿山亭方形，单檐歇山琉璃瓦顶，黄琉璃瓦剪边。

站在亭中，可俯视卧佛寺全貌。天气好时，可由北向南，极目西山由山势向平原过渡的景象变化，最远可见市区高大标志性建筑。

东路院 原为寺僧起居处所，从前向后依次是大斋堂、大禅堂、霁月轩和清凉馆，均为四合院形式院落，最后有供奉寺内开山祖师的祖师院。每一进院落，史书记载均有帝王题匾和御赐楹联。

1994 年后，东路僧舍院被改建为卧佛寺饭店。

行宫院 行宫院为卧佛寺的西路院，为帝王外出休憩之所。卧佛寺行宫兼顾了处理政务和园林游乐的两种功能。关于它的始建年代，民间有“雍正行宫”的说法。从雍正八年（1730）开始的卧佛寺大修，一直持续到雍正十二年（1734）。这次大修后，雍正为卧佛寺赐名“十方普觉寺”，依此说法，行宫院应为此次修缮新建。乾隆时又加以完善。但从乾隆在行宫院所作诗文分析，应为乾隆四十八年（1783）所建。或有雍正时规模较小，乾隆扩

行宫宫门

建之可能。

行宫三进院落，自南向北依次是：宫门前院、东西各有 3 间朝房。宫门、假山、水池和小平桥、引水石渠、西侧三排御膳房；一进院：垂花门、东西游廊，北侧为穿堂殿；二进院：假山、北屋 5 间为“含青斋”。三进院：方池、“古意轩”。古意轩西侧为含碧亭、大磐石、观音阁、万松亭。

乾隆皇帝十分喜爱这座园林中的行宫，每一个院落里建筑的名称，都是他起的，他在每一个建筑里都留有诗作，这些诗作是我们今天了解历史和赏析景观的重要资料。

卧佛寺的植物景观 卧佛寺的植物景观有着古老、北方稀有和寺庙特色的特点。

植物的年龄较之人类长久，这使得它们客观上成为卧佛寺

卧佛寺院内古银杏

千年变迁的见证者，而千百年来人们把对卧佛的敬仰、和对世事沧桑的感慨，乃至对卧佛寺周边自然景观的赞颂，都赋予在对寺中古老植物的歌咏中，让今人多了一个解读卧佛寺历史演变的侧面。

卧佛寺内植物景观主要有古柏、海松、娑罗树、二度梅、银杏和牡丹。

以古柏造景而成“古柏夹道”，树在，景亦在；海松依然苍劲，有着旺盛的生命力；蜡梅虽是“梅开二度”，但它顽强的生命力，让人们在欣赏她时，更多了一层人文的力量；娑罗老树寿逾千年后已殒，之后补植的新树，经几十年风雨，已经成景，人们借此怀古，平添几分怅惘;古银杏虽经年久远，却似值壮年，秋风中绽放一树金黄，为古寺平添一番风采。惜古人诗中赞颂寺中牡丹寺内已无踪影，据植物园老职工说，寺内古老牡丹的植株，在 20 世纪 80 年代时部分移植到了牡丹园，并在那里长势良好。

樱桃沟

樱桃沟在寿安山西麓，又称退谷、水尽头、水源头、周家花园，是与卧佛寺齐名的北京西山著名历史风景名胜之一。

樱桃沟与卧佛寺毗邻，地处卧佛寺西侧的山谷里，与卧佛寺同属一个小气候带，水出一脉，人文同根，所以在历史上人们经常把樱桃沟与卧佛寺联系在一起。

樱桃沟地貌结构呈梯形、树枝状分布。年平均气温 11.1℃，1 月平均最低气温 -7.1℃，7 月平均最高温度 28℃，冬无严寒，夏无酷暑，空气湿润。沟内有众多的动植物种类，自古就成为人们追求的世外桃源。它既有丰富的野趣，又有深厚的人文积淀。

樱桃沟上起疯僧洞，下至北沟村，是一条长近一公里的山谷。其得名于满山的樱桃树。早在康熙年间的《宸垣识略》中，就有“樱桃花万树，春来想灼灼”的诗句。此种樱花，是中国原生种樱，花不大，果也酸涩，但成片生长，在北方实属罕见。花开烂漫，遍布山谷，景色动人。

樱桃沟见著史料的记载是在金代章宗皇帝所建的“看花台”。据《春明梦余录》载：“隆教寺西，越涧有长岭，岭半为金章宗看花台，台畔有古松一株。”《嘉庆一统志》载：“（看花台）在宛平县西，玉泉山隆教寺西长岭之半，为金章宗故迹。”

孙承泽《天府广记·退谷小志》有："(水源头处)，有石洞三，傍凿龙头，水喷其口。又前数十武，土台高突，石兽甚巨，蹲踞台下。相传为金章宗清水院。章宗有八院，此其一也。"

元代着力建设卧佛寺，樱桃沟没有大的改观。明代是樱桃沟的繁盛时期，沟内泉水淙淙，竹篁幽曳，奇石突兀，林木葱郁，众多寺观遍布沟谷两侧。见于史书记载的就有隆教寺、圆通寺、普济寺、五华寺、光泉寺、台和庵、广慧庵等。名人雅士多来樱桃沟郊游赏景，留下了大量诗篇。

明灭亡之后，樱桃沟寺毁香断，野径蓬蒿，满目荒凉。清代吏部左侍郎孙承泽(号北海,1593—1676)于顺治十一年(1654)退隐于樱桃沟。他构筑了退翁亭、退翁书屋、烟霞窟等建筑，并题碣"退谷"，专作《退谷小志》，"退谷"二字由此成了樱桃沟的另称。孙承泽在樱桃沟生活了22年，对这里的山川溪谷、历史风貌有详细的了解,他在自己所著的《天府广记》《春明梦余录》两书里，详细介绍了樱桃沟景物和古迹。

康熙二十五年(1686)沟内五华寺重修。康熙年间，著名文人王士祯(字渔洋)、朱彝尊等游览樱桃沟并有大量诗作。《宛平县志》把"退谷水源"列入"宛平新八景"之内。乾隆五十年(1785)弘历帝曾到樱桃沟水源头游览,并留有御制诗。张恩荫先生在《海淀地名史实五辨》文中指出："樱桃沟得名不晚于乾隆朝说：乾隆五十年(1785)四月，弘历游住香山静宜园时，曾到十方普觉寺(卧佛寺)瞻礼，并游赏古意轩、含碧亭、水源头等。《石壁临天池》诗注曰：卧佛寺西北樱桃沟有泉至观音阁，石壁下蓄有天池，流经寺前，东南引渠，至玉泉山垂为瀑布。”可见樱桃沟的名称于清乾隆朝已见记载。

自乾隆五十二年（1787）清宫如意馆人员和一些太监曾捐资修路后，樱桃沟无多大发展。清同治六年（1867）奏准，“在樱桃沟‘志在山水’水源沟口扼要之地，添建堆拨一处，派兵栖止，昼夜巡查，用资守护，并于沟口迤西、卧佛寺迤西，添建卡墙二道，以防践踏”，樱桃沟成为皇家禁地。清光绪以后，沟内除五华寺外，其他寺庙遗迹和建筑物基本荡然无存了。

清朝亡后，樱桃沟不再是皇家禁地，一些官显贵在这里兴建私人别墅，其中以周肇祥为最。周肇祥字养庵，号无畏居士，自称退翁，浙江绍兴人。他笃信佛教，曾短期在北洋军阀政府做官。1918 年，周肇祥从清朝遗留太监郝常太手中弄到了盖有龙头大印的皇家地契，在樱桃沟四处树起了他的“静远堂界碑”。沟南坡建“鹿岩精舍”别墅，北坡广泉寺遗址修建“生圹之地”，四周用山石堆砌了围墙，南墙正中开园门，门额上嵌有周氏自题的篆书“香岩塔院”。他夫人陈默娴去世后，就埋葬在这里。现围墙、门额已塌毁，“香岩塔院”四字条石还在，墓铭“自营生圹记”字迹依然清晰。“广泉古井”在周家茔地南侧，井深六七米，有水，是香山地区难得的山地水井。

1930 年以后，樱桃沟并存三股经营者。第一个是周肇祥，前文已述，他经营着疯僧洞两侧至广慧庵一带；第二个是在城内开牛奶厂的几个资本家，占据着疯僧洞至北山上部分；第三是协和医院、白纸坊造币厂，他们从周肇祥手里租占了五华寺。

1936年，北平民先队和北平学联、在中国共产党领导下，在樱桃沟曾举办三期军事夏令营，进行政治学习、军事训练，培养了大批抗日斗争的干部，并留有“保卫华北”石刻。

樱桃沟的自然生态在很长的一段历史时间内，被不间断地开荒和放牧所毁，已呈光秃破碎、灌草丛生的景象。

中华人民共和国成立后，周肇祥的西山山场被收归国有。

孙承泽与退谷　樱桃沟又叫“退谷”，其名来自孙承泽。

孙承泽（1593—1676），字耳北，号北海，又号退谷，一号退谷逸叟、退谷老人、退翁。山东益都人，世隶顺天府上林苑。明末清初政治家、收藏家。明崇祯四年（1631）中进士。官至刑科给事中。清顺治元年（1644）被起用，历任吏科给事中、太常寺卿、大理寺卿、兵部侍郎、吏部右侍郎等职。富收藏，精鉴别书、画。著有《春明梦余录》《天府广记》《庚子消夏记》《九州山水考》等四十余种，多传于世。卒年八十三岁。

孙承泽是位书生，忠君思想一直烙在他的骨子里。但是命运弄人，1644年春李自成攻进北京，他在玉凫堂书架后自缢，被人解救，后又同长子跳井，也被救。据说还有一次服毒，因为不堪毒药之苦，吐了出来，也没死成。不久即任大顺政府的防御使，又改任谏议，相当于中央一级的官员。清兵入关，顺治元年起他供职于清廷，又当上了吏科给事中，后来历任大理寺卿、兵部右侍郎、都察院左都御史等职务。

他经历了明、大顺、清，三易其主。在清廷任职十年，频繁调迁，由太常寺历大理寺、吏部、兵部，虽加太子太保、都察院左都御使衔，其实并没有得到重用，也未建立大的功勋。他心灰意冷，于顺治十年（1653）辞职，结束了他的宦海浮沉，开始著书立说。

孙承泽告老退休后，便隐居樱桃沟，他自号“退翁”，在沟内修造烟霞窟、退翁亭、退翁书屋等建筑，樱桃沟自此始有“退谷”之称。他的两部著名的北京地方史料书《春明梦余录》和《天府广记》就是在这里写作的。

孙承泽十分喜爱这里，《天府广记》卷三十五“岩麓”附“退谷”记载说：

“京西之山为太行第八陉，自西南蜿蜒而来，近京列为香山诸峰，乃层层东北转，至水源头一涧最深，退谷在焉。后有高岭障之，而卧佛寺及黑门诸刹环蔽其前，冈阜回合，竹树深蔚，幽人之宫也。”

隆教寺 隆教寺位于卧佛寺西北靠山台地上，是明代成化十六年（1480）太监邓铿“廓旧庵作寺”修建的一处寺庙，明宪

隆教寺明碑

宗朱见深赐名“隆教”，成化二十二年（1486）重建。另一通碑为《隆教寺重建碑》，明成化十六年（1480）立。

查慎行《宿隆教寺僧房》有诗：“最爱阶墀细雨中，瓦盆高下列芳丛。白花红子皆秋意，斟酌西窗一夜风。”由此可知，清初隆教寺尚有建筑和僧人。

后倾圮，遗址仅存两块明残碑和荒弃的山场，另有一株古槐和数株古柏。隆教寺遗址地势平坦，背风向阳，土层较厚，东北部油松成林，边缘有大小侧柏成片。西门斜坡上有围墙，门楣上有“古柯高荫”额，背面“长岭停云”。“古柯高阴”是指院内一株胸围 3.5 米，高大粗壮的古槐，绿荫蔽日，像威武的将军。此树估计为隆教寺初建之时所植，以树龄来推算，寺庙应有 500 年多年的历史了。“长岭停云”之云，是指西侧长岭的四时之“云”：春天是满山的杏花粉云，夏天是雨后山岚，秋天是红叶飘丹，冬季则是白雪素云。

20 世纪 80 年代中期，北京植物园对隆教寺遗址进行整治改造，将其开辟成一处具有古典园林风格的游览景点。改造后的隆教寺景区，南接集秀园，东邻卧佛寺，西借长岭秀色，幽静清雅。临池筑轩名“师竹轩”，轩北一小池，汀步代桥，跳跃过池，颇富情趣。西北坡上构亭曰“涵虚”，掇石成壁，前衬竹丛，散植银杏、红枫、小檗，层次丰富，秀色宜人。

隆教寺两块残碑立于该区西北侧。

隆教寺师竹轩

广慧庵　广慧庵位于樱桃沟口东侧，卧佛寺西南侧。始建于明代，清初既毁，乾隆年间重建后，改名广慧观。《日下旧闻考》有这样记载："广慧庵遗址在普觉寺西南，明碑一，翰林院庶吉士清源胡尚英撰，万历辛卯年立。"至中华民国前期一直称"广慧观"为道院。中华民国后期改称"广慧庵"。因门呈黑色，故当地又俗称"黑门"。清灭亡后，周肇祥据此观为己有，改称广慧庵，曾为周家花园的一部分。

中华人民共和国成立后，广慧庵由北京市建设局接收，后交给北京市园林局。中国人民解放军军乐团曾在此暂驻，中国农业科学院蜜蜂研究所在此地养蜂。全国人大常委会委员长朱德到此视察，令军乐团搬出，广慧庵交蜜蜂研究所住用，使用至今。

金章宗看花台　金章宗在樱桃沟建有"看花台"，《春明梦余

广慧庵现状

录》载："隆教寺西，越涧有长岭，岭半为金章宗看花台，台畔有古松一株。"《嘉庆一统志》载："（看花台）在宛平县西，玉泉山隆教寺西长岭之半，为金章宗故迹。"今年已无存。

樱桃沟水库 水库面积不大，一池碧水静卧山坳，一平桥筑于坝上，连接东西。坝上下落差 10 余米，本为建于 1958 年的水量调节池，经改造，成为一景点。有小亭于东侧堤坝下端，亭半露半藏，有迂回石阶可上，为游客赏景休憩之处。

亭右侧，利用自然岩壁，刻有"水杉歌"。

水杉亭东上侧路东山体上有"寿安山"三个大字石刻，原为明代权相严嵩所题。现为著名书法家舒同补题。

凤凰石 沿路继而北行，路东见一长 3 米、高 2.3 米、厚 2 米巨石。相传曾有凤凰到樱桃沟饮水停栖于此，故名。石上镌有"鹿岩仙迹，退谷幽栖"八字。为民国时樱桃沟主人周肇祥所题。

"鹿岩"是指辽时有仙人骑白鹿往来与樱桃沟白鹿岩的传说，"退谷幽棲"是形容自己在这里退隐过这幽静的生活。

水杉林 从水库到北侧红星桥一段谷底，种植着大片水杉林，为 1972 年北京植物园从武汉引种栽植。

水杉属于白垩纪植物，广泛分布于东亚、西欧和北美。第四纪冰川时遭受重创，只在中国得以部分保存，因而被植物界称作"活化石"。

樱桃沟小气候湿润，背风无严寒，符合水杉喜湿怕寒的生长条件。经过 40 年生长，180 余株水杉，高以可达 20 多米，挺拔葱郁，长势良好，成为北京难得的植物景观。

五华寺 五华寺位于樱桃沟红星桥东北山坡上，与"鹿岩精舍"隔溪相望，是樱桃沟内历史文献记载丰富，并有实物可考的最古老的人文景观遗迹。

五华寺初为五华观，金大定二十七年（1187）始建，是西山最早一处由皇帝所建的道院。元英宗时改观为寺，因有圆殿形建筑，而又称"圆殿寺"。

明宣德初，"有僧成公东洲禅师见其地径幽僻，山水环绕，遂卓庵于此。"其后，五华寺多次改建。

金时翰林待制朱澜为此记铭曰："帝城西北，山明水秀。五华一峰，烂然锦绣。重峦叠嶂，夹辅左右。山腹坦然，泉甘土厚。"

明代著名书画家文徵明、王嘉谟，清代著名诗人王士祯，以及乾隆年间的小怡亲王弘晓和慎郡王允禧都曾游五华寺，多有题咏。

随着封建王朝的衰落，五华寺也逐渐衰落了。中华民国时期，周肇祥把五华寺据为己有。

1965 年 8 月，中国计量科学研究院借用了此寺，一直使用至今。

五华寺内尚存 2 株古桧柏。北面山坡上，松柏参天，铺石曲径的古香道依稀可见。

红星桥 横跨山谷小涧间，连接两山之道。此桥建于清代中晚期，原是城内端王府中的旧物。端王府在西城白塔寺北今育幼胡同，是清道光皇帝的弟弟端亲王绵忻的王府。石桥长 12 米，宽 4 米，单孔石拱券，每侧四根竖条纹连珠束腰望柱和三块镌空宝瓶护栏板，桥头两侧各有一堆云抱鼓石，桥上刻“红星桥”三个字，为郭沫若先生题写。

鹿岩精舍 “鹿岩精舍”是民国时期北洋军阀政府财政部长周肇祥（号养庵）在樱桃沟营建的私人别墅，又称为周家花园。别墅门楼坐西朝东，为“馒头式”，硬山顶，青灰色。门额“鹿岩精舍”，落款为“戊午三月无畏”（1918 年），为周肇祥所题，两边有粉墙相连。“鹿岩”是取沟内“白鹿岩”之意,代指樱桃沟。

“精舍”指僧人修行居住之地，周肇祥笃信佛教，自号“无畏居士”，故有鹿岩精舍之称。别墅内有“如笠亭”“水流云在之居”“石桧书巢”等建筑。

退谷石刻 鹿岩精舍南侧下方的石壁，有石刻“退谷”二字，为梁启超所题。清朝初年“退翁”孙承泽曾在樱桃沟入口处题有“退谷”石刻。

鹿岩精舍

孙承泽原为山东益州籍人，明崇祯朝进士，官至给事中，后为清朝吏部侍郎。晚年辞官隐居樱桃沟，自称“退谷居士”。居“水流云在”，书斋号“云桧书巢”。他在这里潜心著述，完成了《春明梦余录》和《天府广记》两部北京历史、地理著作。

今樱桃沟口处孙承泽所题“退谷”二字早已无存，梁启超游览樱桃沟时，周肇祥请他补题了此处“退谷”二字。

如笠亭 如笠亭在鹿岩精舍门西，1.3 米高的石台上。亭方形四柱，四角攒尖，石片代瓦，面积约 10 平方米。亭高 3.5 米，南北有阶梯可登。亭名出自清代宋荦“如笠亭开退谷前，四山积翠落层颠”诗句。亭北临绝壁，南踞平坡，西出曲径。原亭在 1996 年春飓风中被毁，现亭为 1997 年春夏之交翻建。

水流云在之居 在如笠亭南高十余米陡坡之上，矮花墙相护。

墙内一平台小院，有房3间坐南朝北，红檐青瓦的精舍，额枋上悬挂“水流云在之居”匾。原匾为周肇祥所题,现为舒同先生补题。

“水流云在之居”取意于杜甫“水流心不竞,云在意俱迟”(《江亭》)的诗句意境。

小院青砖铺地，占地约七八十平方米。院内东西各有一株白皮古松，均为一级古树。一条石渠从院中穿过，渠水清澈。

石桧书巢 位于“水流云在之居”西南高坡上，也为一独立小院。院中南屋3间，三面出廊，规制与“水流云在之居”相同。屋檐挂有舒同题写的“石桧书巢”匾。“石桧书巢”与“水流云在之居”,原为孙承泽隐居之所额匾,后为周肇祥题于自己的别墅。

白鹿岩与白鹿洞 “如笠亭”西200余米处，有一高6米，长14米的巨石，这就是古籍记载中的“白鹿岩”。相传为辽代骑白鹿神仙修行、居住的地方，名“白鹿洞”。

白鹿岩形似“元宝”，又俗称“元宝石”，是樱桃沟一处重要的景观。在香山地区的传说中,有曹雪芹根据此石,创造《红楼梦》中贾宝玉的说法。

石上柏 白鹿岩的西南山坡上，有一块巨石，石高10余米，宽4米,中间裂有石缝,其间,一株侧柏生出。石上柏高达10多米，其根粗壮如巨蟒，挤满整个石缝，树龄达四五百年。

古人松桧不分，人常谓之松树，称“石上松”。《春明梦余录》记载曰：“独岩口古桧一株，根出两石相夹处，盘旋横绕，倒挂于外……是又岩中之最奇者也。”周肇祥作诗描述石上柏说：“古桧裂石出，垂荫如翠幄”。

民间相传此乃曹雪芹《红楼梦》中，宝黛“木石前盟”的原型所在，为樱桃沟重要的景观之一。

志在山水 与白鹿岩隔溪相对的岩石上刻着“志在山水”四个字，字下无落款。根据史料记载，同治六年（1867），“在樱桃沟‘志在山水’水源沟口扼要之地，添建堆拨一处，派兵栖止，昼夜巡查，用资守护。”可知，至少为清同治时期“志在山水”四字就已经刻在这里了，石刻下面的缝隙为水源头泉水出处。

水源头 水源头也称“水尽头”，在白鹿岩北的乱石丛中，“志在山水”石下，水出石罅中。《天府广记》有“水源头两山相夹，小径如线，乱水淙淙，深入数里”的记载，当时情形可以想见。水源头“水分二支，一至退谷之旁，伏流地中，至玉泉山复出……一支至退谷亭前，引灌谷前花竹”。

退谷亭

明朝中叶，水源头已成为文人墨客的游览胜地，明文学家文徵明、谭元春、倪元璐等先后来到这里，吟诗留念；清代初年，朱彝尊、王世祯、汤右曾、宋荦等也曾游览此地，他们留下了不少关于水源头的诗篇。

退谷亭 从水源头北坡上，有一石亭，即“退谷亭”。亭方形攒尖，上覆石瓦，朴素淡雅。向东两柱上镌“行至水穷处，坐看云起时”，取自王维《终南别业》诗，为周肇祥所建。

“保卫华北”石刻 白鹿岩东涧谷南坡上，有一块长2米、高1.2米的青石，上刻“保卫华北”四字。这块石刻记述了一段令人难忘的历史。

1935年12月9日北平学生掀起了轰轰烈烈的“一·二九爱国运动”，要求政府抗日。为了迎接日益高涨的抗日形势，培养革命力量，在中国共产党的领导下，中华民族解放先锋队和北平学联一起组织了北平各大学校在樱桃沟举办夏令营，讲解当前形势，进行军事训练。清华大学赵德尊与北京大学陆平二位学生，一起在石头上雕刻了“保卫华北”四个大字。

1980年6月，北京市植物园工人在清除樱桃沟旁杂草时，发现一块大青石上刻有“保卫华北”字迹。时逢北京市政协主席刘导生到樱桃沟视察，经他证实，四字是“一二·九”运动时爱国学生留下的。

“保卫华北”石刻对面石壁上还刻有“收复故土”四字，被

“保卫华北”石刻

杂草掩映，亦为此时所刻。

一二·九运动纪念亭 “保卫华北”石刻对面，紧靠“收复国土”石刻，为一二·九运动纪念亭。

纪念一二·九运动50周年前夕，时任中宣部部长邓力群等人倡议在樱桃沟建立“一二·九运动纪念碑”，缅怀革命先烈并启教后人。

纪念亭由共青团北京市委和北京市学生联合会募捐建造，北京工业大学建筑系宋晓松、李长生设计，占地0.1公顷，由三座三角形小亭组成。1984年12月8日下午，隆重举行了纪念亭奠基典礼，全国人大常委会委员长彭真为纪念亭题写碑名，国务委员、一二·九运动老战士康士恩和北京市政协主席刘导生为纪念亭破土奠基。

北面山坡处，矗立着长28米、高3.3 米的纪念碑。黑色大理石碑身，镌刻着彭真的题字“一二·九运动纪念亭”，碑文由刘炳森书写。

一二·九运动纪念亭题字

黄叶村曹雪芹纪念馆

北京植物园内留有多处历史遗迹，曹雪芹纪念馆就是其中之一。纪念馆位于植物园东部，被植物园内的三个人工湖面环绕，范围5公顷。经过40多年的发现、挖掘、建设，曹雪芹纪念馆已经成为全国重要的主题纪念馆。

黄叶村曹雪芹纪念馆最初的雏形是位于绚秋园内的原正白旗39号院的清代旗营老屋。1971年4月，39号旗下老屋住户、北京第27中学退休语文老师舒成勋在自家墙壁上发现了8首清代

纪念馆旧貌

修缮中的正白旗39号院

的“题壁诗”。

关于曹雪芹晚年在北京西山著述生活，一直是红学界的共识，但曹雪芹在北京西山到底住在哪里，一直是红学界探讨的问题。20 世纪 20 年代，胡适先生根据曹雪芹朋友的诗歌，断定曹雪芹住在一个可以望见西山晚霞的地方。到了 20 世纪 50 年代，吴恩裕先生到香山一带采风，他租住在香山买卖街一个张姓老人的家里，用四个月的时间，遍访香山百姓，凡曹雪芹足迹所至，均记录在吴先生的笔下。他采用田野调查的方法，把文献资料与口碑资料互证，通过研究，把曹雪芹的居住范围，框定在香山、万安山、金山这个山湾里，其中主要是镶黄旗和正白旗两处。

1963 年，吴恩裕先生与吴世昌、周汝昌、陈迩冬、骆静兰等红学家再次到西山采风，他们访问了张永海老人，得到两个非常重要的口碑资料。一个是关于曹雪芹西山居所的，说他住在四王府西边，地藏沟口的左边靠近河滩的地方，那儿今天还有一棵两百多年的大槐树。另外一个，传说曹雪芹有一个叫鄂比的朋友，曾经送给他一副对联“远富近贫，以礼相交天下有；疏亲慢友，因财绝义世间多”。

1971年，这副对联无意间被发现在正白旗39号院旗下老屋西墙壁上，只是题壁上的对联与口碑中的有三字之差，还多了“真不错”三字。对联呈“菱形”书写。题在墙壁上的对联较之口碑中的对联，对仗得更为工整。“真不错”是菱形书写形式的需要，也是对前边内容的感叹。

老屋的外环境与1963年专家采风时收集的口碑资料相吻合。所以，围绕正白旗39号院是不是曹雪芹西山生活的居所，一直是红学界探讨的热点话题。

著名红学家吴世昌在题壁诗发现后很快来到正白旗，在匆匆看过墙壁后，很快得出了结论：墙上文字应是嘉庆年间所题，但是“一看即知与曹雪芹无关”。

题壁书屋

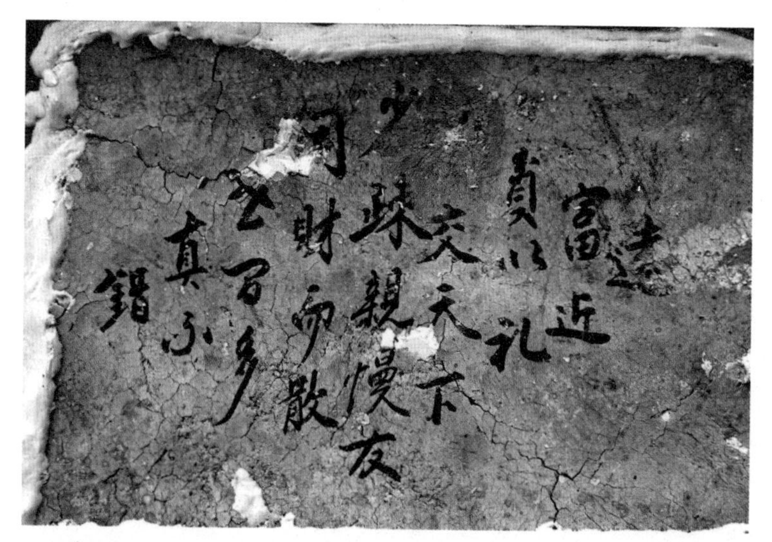

题壁诗菱形对联

1975 年 10 月 4 日，张伯驹、夏承焘、钟敬文、周汝昌等到正白旗 39 号老屋访问了舒成勋。舒成勋拿出当年“题壁诗”的照片给张伯驹看。张伯驹有“民国四公子之首”的称誉，其书画、戏曲、诗词方面都有很深的造诣，尤其是文物鉴赏方面堪称一代大家。张伯驹说，从题壁诗的书写方式来看，应为乾隆年间之物，时间无可怀疑，但不能据此确定此处是否与曹雪芹有关系。从正白旗舒家回到住所，张伯驹有《浣溪沙》词记载当日之事：

秋气萧森黄叶村，疏亲远友处长贫，后人来为觅前尘。

刻凤雕龙门尚在，望蟾卧兔砚犹存，疑真疑幻费评论。

张伯驹在词的注中说：“按发现之书体、诗格及所存兔砚，断为乾隆时代无疑。”

1977 年曹雪芹书箱的收藏者张行到正白旗 39 号院参观题壁

诗，当他看到其中一首扇形诗的落款为“岁在丙寅拙笔学书”时，联想到自己祖上传下来的一对老黄松木书箱的题款也有“拙笔”两字。书箱上有“乾隆二十五年岁在庚辰上巳”字样。后经专家比对，两个“拙笔”出自一人之手，由此证明了题壁诗的年代为乾隆十一年（1746），这与曹雪芹在西山一代生活著述的时间相吻合。

1980 年第 1 期《红楼梦学刊》年，冯其庸先生发表了《二百年来的一次重大发现——关于曹雪芹的书箧及其他》一文，就题壁诗、书箱以及废艺斋集稿三者之间的关系进行了论证，认为可为互证关系。

纵观各家观点，或针锋相对或大同小异，至今没有形成比较统一的观点。这种争论一直持续到现在。

各方尽管观点各异，但不可否认的是，卧佛寺、樱桃沟一带优美的自然环境和特殊的景观给予了文学巨匠曹雪芹创作《红楼梦》的灵感，并且专家们一致赞同，在曹雪芹曾经生活的环境里建造一座纪念馆，系统地介绍曹雪芹家世、生平、写作环境以及《红

2007年请公安部专家鉴定曹雪芹书箱

楼梦》的研究成果及其影响。

胡德平同志在20世纪80年代初，对香山地区与曹雪芹《红楼梦》的关系，作了深入的调研，在他的直接推动下，北京市园林局、北京市植物园和海淀区共同努力，建立了国内第一家曹雪芹纪念馆。

1984年4月22日，由北京市委宣传部和北京市市政管理委员会正式批准对外开放。当日上午，曹雪芹纪念馆举行了开馆典礼。叶飞、张爱萍同志为纪念馆剪彩，著名红学家周汝昌揭匾。“曹雪芹纪念馆”匾额由溥杰书写。中共中央、全国人大常委会、国务院、全国政协领导，当代著名红学家、文化界及学术界知名人士，北京市领导、海淀区领导，中国残疾人福利基会及一些群众团体的负责同志千余人参加了开馆典礼。

曹雪芹纪念馆再现了曹雪芹生活时代的河墙烟柳、小桥古槐的自然环境和曹雪芹茅椽蓬牖、绳床瓦灶著书黄叶村的生活场景，

启功题曹雪芹纪念馆石刻

供今人纪念凭吊。

题壁诗文所在的“抗风轩”，按曹雪芹写作《红楼梦》时的书斋布展。其他展室系统介绍了曹雪芹的家世生平、红楼梦的影响、红学研究成果以及清代旗人的习俗。

1982 年，海淀区政府把正白旗村 39 号院定为区级文物保护单位。

2003 年 3 月，曹雪芹纪念馆重新在北京市文物局注册了博物馆，从此走上了历史文化名人博物馆的道路。在博物馆的研究、收藏、展览、社会教育四大功能上下功夫，在十余年坚持不懈地努力下，曹雪芹纪念馆在研究、收藏、展览、社会教育四个功能上，成为全国同主题纪念馆的典范。曹雪芹纪念馆从 2003 年秋天举办了“红学名家社会讲座”，著名红学家李希凡、张庆善、蔡义江、胡文彬、吕启祥、张俊、段启明、刘世德、孙玉明等，与红学爱好者面对面交流，受到欢迎。

2005 年，曹雪芹纪念馆开始举办主题展览：红楼梦绘画、书法展，清代服饰展，红楼梦艺术品展，雅士文玩展，红楼梦版本展，红楼植物展等，每年推出两个，吸引了众多游客。

自 2006 年开始，为了深入研究香山地区与曹雪芹《红楼梦》的关系，曹雪芹纪念馆组织工作人员，对植物园内以及香山周边的 30 余通古碑，进行了拓制工作，并对碑文进行了深入研究，取得了一定的成果。

2007 年，纪念馆进行了建馆以来的第五次布展。新展最大的特点，是结合 200 多年的红学研究成果，将曹雪芹的一生展现

拓碑

了出来。此次布展，获得北京市公园管理中心“十大品牌展览”的荣誉。

2007 年，北京植物园启动“曹雪芹传说”申报非物质遗产保护工作。纪念馆与海淀区作协合作，在海淀区文联秘书长崔墨卿先生的推动帮助下，完成了“曹雪芹传说”主题采风活动，收

展览内景

集到 80 余个的传说故事，并编辑出版了《曹雪芹西山传说》一书。

2009 年 10 月，“曹雪芹传说”成功列入“北京市非物质文化遗产名录”，2010 年 10 成功列入“中华人民共和国非物质文化遗产名录”，2011 年 6 月 10 日在人民政府网正式公布。

进而曹雪芹纪念馆的研究工作向深入和宽泛两个方面发展，申请并成功完成“金川战役与曹雪芹《红楼梦》”“清代西山水系研究”等课题研究，为曹雪芹与北京西山的研究做出了贡献。

展览、研究、文化活动的丰富，使得这座小小的乡村纪念馆成为全国曹雪芹《红楼梦》主题博物馆的地标。2008 年，曹雪芹纪念馆的年游客量达到 60 万人次，接待俄罗斯、西班牙、美国、英国、日本、印尼、罗马尼亚等国外学者代表团多次，成为进行国际文化交流的地方。

国家级非遗牌示

故居八景

碉楼 又叫梯子楼。曹雪芹纪念馆东北、西北各有一座。碉楼形似炮楼，为清代乾隆年间训练特种兵攀缘作战的古建筑。

乾隆十三年（1748），西南边陲大、小金川的苗寨叛乱。清王朝派兵征讨，苗兵因其恃有高大的碉楼防护，清军久攻不下。乾隆十四年（1749），乾隆皇帝命在香山依照苗寨碉楼式样建筑石碉楼 60 余座，用以训练攻坚部队“健锐云梯营”。

攻打碉楼数量约 2000 人“特种部队”训练完成，皇帝命大学士忠勇公傅恒统帅，出兵攻打大、小金川。行军至中途，没想战事发生变化，苗军头领请降，这支部队未战而还。乾隆帝不愿

清代碉楼

解散这支特种部队，就命令他们驻扎在香山继续训练。后来该部在平定准噶尔回部叛乱，拓地伊犁、喀什噶尔、叶尔羌一带的战役中，英勇善战，战功卓著。

河墙烟柳 曹雪芹纪念馆西，旱河东侧，有北向南又折而向东的一长条石，石中有槽，槽宽约 26 厘米，深约 22 厘米，这即为输水设施“引水石渠”，当地人俗称“河墙”。这条石渠源自樱桃沟水源头，经卧佛寺、四王府广润庙，又东南至静明园（玉泉山）汇入昆明湖。现仅存正白旗约 1000 米一段。乾隆九年（1744），乾隆帝为保证清漪园和圆明园等诸园用水之需，开辟新水源。

乾隆十四年（1749）冬，开始了西北郊历史上规模最大的一次水系整理工程。除疏浚西湖（昆明湖）、扩建东堤提高水位外，又把碧云寺卓锡泉水、樱桃沟水源头泉水利用石渠全部导人湖中。其全线皆凿石为槽，覆以石瓦，乾隆十八年（1753）前竣工。《日下旧闻考》有“西山泉脉随地涌现，其因势顺导流注御园以汇于昆明湖者，不惟疏派玉泉已也。其自西北来者尚有二源：一出于十方普觉寺旁之水源头；一出于碧云寺内石泉；皆凿石为槽以通水道。地势高则置槽于平地，覆以石瓦；地势下则于垣上置槽。兹二流逶迤曲赴至四王府之广润庙内，汇入石池，复由池内引而东行。于土峰上置槽，经普通、香露、妙喜诸寺夹垣之上，然后入静明园，为涵漪斋、练影堂诸胜”的记载。石渠两侧多植柳树，水畔之柳，山岚雾霭，云蒸霞蔚，故有“河墙烟柳”之称。

古槐幽夏 在曹雪芹故居门前屹立着三棵古槐，这三棵古槐为京城名槐。据这三棵古槐的树干直径估算，应为元代所植。过

河墙烟柳秋色

去在香山一带流传着有关曹公故居的小曲之一是这样唱的："门前古槐歪脖树，小桥流水野芹麻"，现在纪念馆门前就屹立着三棵古槐，其中东边的一棵就是著名的"歪脖槐"。

著名红学家吴恩裕先生曾著文："他（曹公）住的地方在四王府的西边，地藏口的左边靠近河的地方，那儿今天还有一棵大槐树。"当地的老人们说，过去在曹公门前生长着很多野芹菜，曹公经常用它给百姓们治病，并自己起名为"芹"。纪念馆门前的景物和小曲正相吻合的。特别是在盛夏，古槐巨冠浓阴，正应了张宜泉诗中"庐结西郊别样幽"的意境。

古井微波　在故居的北边有一口古井，古井上有石砌井架，上覆木质横梁，梁上有为打水之用的构架。

此井水甘甜清洌，过去是正白旗村人吃马饮之水全部取之于

门前古槐

此。古井很深，人从井口下视，能见闪闪微波。相传此井开凿于清初建旗营时，曹寅曾有诗“抱瓮汲深井，井深耸毛发”，写出了这一地区水井的特点。当年曹雪芹就是用这口井的水研墨，“披阅十载，增删五次”写作《红楼梦》。

元宝遗石 在樱桃沟里的水源头南边有一块巨石，岩石上大底小，形似元宝，故名“元宝石”。此石又叫“白鹿岩”，相传在辽代时，有仙人骑白鹿到此，并住在岩石的洞内，所以洞叫“白鹿洞”。在《红楼梦》的开卷第一回，提到一僧一道席地坐青埂峰下，见这块鲜莹明洁的石头，且又缩成扇坠一般，甚属可爱。那僧托于掌上，笑道：“形体倒也是个宝物，只是没有实在的好处……”

元宝石形如元宝，可又无实际用处，所以它是“假宝玉”（贾宝玉）。在香山一带，流传着一首小曲：“数九隆冬冷溲冰，檐前那个滴水结冰棱。什么人留下那个半部《红楼梦》，剩下的那半部谁也说不清……林黛玉好比那个山上的灵芝草，贾宝玉是块大石头有灵性。”而巧合的是，在元宝石旁就有一古柏生在裂石中，这仿佛就是灵芝草和元宝石的前盟。

木石姻缘 在元宝石南侧高处，有一块居高临下的巨大危石。令人惊奇的是，在其绝顶上竟然生长着一棵峥嵘的古柏。这棵古柏凌空挺立，傲骨藏风，姿态奇绝。人们称为“石上柏”“石上松”。石上柏高达 10 米多，干周长达 1.8 米。它的树体虽不巨大，但树龄已有四五百年了。由于生长得奇特，成为北京的名柏之一。

这棵石上柏还和孙承泽、曹雪芹有关。孙承泽隐居的“水流云在”之居，就近靠“石上柏”。孙承泽在《春明梦余录》书里，有关于石上柏的记载：“独岩口古桧一株，根出两石相夹处，盘旋横绕，倒挂于外……”相传曹雪芹就是因为看到了“石上柏”，感受到几百年的这种相生相伴的“木石姻缘”，心受感动因而启发联想，将《红楼梦》中贾宝玉和林黛玉的缘分，写作“木石姻缘”。

在香山一带，一直流传着小曲：“退谷石上松，人称木石缘。巨石嶙峋宝，甘泉溢水甜。山上疯僧洞，山下白鹿岩。曹公生花笔，宝黛永世传。”这首民间传唱的小曲也把曹公、《红楼梦》及樱桃沟的“三绝”水源头、元宝石、石上柏联系在一起了。

广泉古井 樱桃沟在明代时古刹很多，后大多圮毁。广泉寺位于沟的北山上，在明末已为废寺。虽为废寺，但多有文人墨客赋诗赞寺，如明末文人于奕正（《帝京景物略》作者之一）就写有《游广泉废寺》。曹雪芹和好友张宜泉曾游广泉废寺，这里环境优美，人迹罕至。张宜泉还写有名篇《和曹雪芹西郊信步憩废寺原韵》，诗云：

广泉废寺古井

君诗曾未等闲吟，破刹今游寄兴深。

碑暗定知含雨色，墙颓可见补云阴。

蝉鸣荒径遥相唤，蛩唱空厨近自寻。

寂寞西郊人到罕，有谁曳杖过烟林。

一拳顽石 一拳顽石是在香山公园内的南边十八盘，阆风亭下的一块巨石，因形似握拳，所以得名“一拳石”。石上的题字“一拳石”为清乾隆皇帝所题。现在遗存的曹雪芹的两只黄松书箱，其中一只的箱盖上画有一丛兰花和一拳顽石，并题有“题芹溪处士句”，诗云：“并蒂花呈瑞，同心友谊真。一拳顽石下，时得露华新。”

在北京植物园内还有很多景物和曹雪芹、《红楼梦》有关，如“秋风黄叶”“太虚幻境”“阶柳庭花”“碧水青山”“薜萝门巷”“满目蓬蒿”“画眉黛石”等。这些景物的传说都和曹雪芹有关，反映了香山地区人民对《红楼梦》故事的熟稔和对其作者曹雪芹的热爱。

碑林怀古 纪念馆后院北侧，黄叶村木栅栏内，紧挨着村内的“古井”，有一片十几通碑组成的碑林。这些碑是 1984 年建馆时，从樱桃沟以及香山周边地区收集来的。

碑刻是反映一个时代政治、经济、民众思想等问题的重要参考资料，植物园范围内环境优美、风水绝佳，因此多有寺观及名人墓园，和这些建筑密不可分的则是这里的碑刻。

另外，在以香山和北京植物园为中心的“小西山”地区，部分原有寺观、古建筑及墓园因缺乏良好的保护，业已倾圮，古碑逶地。这些碑刻与植物园内的碑刻能够互相印证当时的政治、经

纪念馆后的小碑林

济、地理、民俗风貌，也是研究西山地区人文环境的重要参考资料。

随着时间的推移，很多碑刻风化严重，不少字迹已经漫漶，基于保护资料文献和深入研究的目的，曹雪芹纪念馆工作人员对植物园和周边地区这些废弃寺观、墓园等地的碑刻，进行考察和拓印，有效保护了一批重要的历史资料。

卧佛寺乾隆年间的住持青崖和尚碑也在小碑林内。此碑与植物园内重要景点、国家级文保单位卧佛寺关系重大，有兴趣的游客，可以仔细品读碑文。

樱桃沟内已经湮没的明代普济禅寺碑也在这里，虽然石碑已残缺，但是字迹仍依稀可辨。

曹雪芹纪念馆小碑林内的青崖和尚碑

清代的礼亲王代善碑有两通：一通为康熙元年（1662）《奉旨追封和硕惠顺亲王碑文》，另一通为代善墓碑。碑阳有记叙代善“秉志精诚，夙怀英毅”一生丰功伟绩的碑文，碑阴为乾隆皇帝于乾隆四十三年（1778）岁在戊戌季春之月“御制过礼烈亲王园寝赐奠因成六韵”题诗。诗中乾隆情真意切地回顾了代善一生功绩，并在每句诗后，作了大量的文字注解，用以彰显礼亲王代善的功勋昭著和表达自己的尊重与敬仰。也正因此，形成了这通碑注解满目、主句难寻的特点。

此两通碑被保护在这里，与红楼梦的作者曹雪芹也有着一定的关系。曹雪芹的亲姑姑，就是皇帝由做亲，嫁给了礼亲王的后人平郡王纳尔苏。小平郡王福彭是的雪芹表兄，衰败后的曹家和青少年时期的曹雪芹得到过他的大力帮助。

名人墓地

西山一带山清水秀，风景秀丽，是达官显贵和各界名人欲求的卜葬风水宝地，故多有墓园。葬于此的名人均在中国历史上产生过一定的影响。他们有王公贵族、爱国的工商大贾、梨园名角，有在中国历史上叱咤风云的军阀、政府官员、学者等。如明朝仙居公主、御马监、梁启超、大军阀陈光远、孙传芳、张绍曾等。这些历史遗迹和名人墓园是了解历史最为直观的教材，有着特殊的价值。

梁启超墓　在植物园东环路东北的银杏松柏区内。墓地总面积 1.8 公顷，分东、西两部分。东部为墓园，西部为附属林地。墓园由梁启超之子、中国著名建筑学家梁思成设计。墓园背倚西山，坐北朝南，北高南低，东西宽约 90 米，南北长约 100 米。四周环围矮石墙，墓园内栽满松柏。

梁启超，字卓如，号任公，又号饮冰室主人。1873 年 2 月 23 日出生于广东省新会县茶坑村，故又称梁新会。1889 年中举，次年入京会试未中，此后始注意西学。1894 年再次入京会试中，适逢清廷割地赔款，与康有为一起联合 1300 余名来京会试的举子上书光绪皇帝，提出变法，此即历史上著名的“公车上书”。1898 年 6 月参加戊戌变法,成为康有为的得力助手。变法失败后，逃亡日本。清亡后曾出任北洋政府熊希龄内阁的司法总长，段祺瑞政府财政总长。晚年著书立说，执教于清华国学研究院。平生著述约在 1400 余万字之多，代表作有《饮冰室合集》。1929 年 1 月 19 日在北京协和医院逝世后即葬于此。

墓园内北墙正中平台上，是梁启超及其夫人李惠仙的合葬墓。墓呈长方形，高 1.08 米，宽 2.75 米，长 4. 52 米。墓前竖立着“凸”字形墓碑，碑高 2.8 米，宽 2.18 米，厚 0.71 米。阳面镌刻“先考任公府君暨先妣李太夫人墓”14 个大字。碑阴刻“中华民国二十年（1931）十月，男梁思成、思永、思忠、思达、思礼；女（适周）思顺、思庄、思懿、思宁；媳林徽音、李福曼；孙女任孙敬立”。碑前有 75 厘米高的供台，两侧各有一段带雕饰的直角形衬墙。墓碑、墓顶及供台衬墙均为土黄色花岗岩雕筑而成，前后连接，浑然一体。

墓碑没有碑文，也没有任何表明墓主生平事迹的文字，这是梁启超生前遗愿。梁曾嘱咐他的子女，将来行葬礼时，可立一小碑于墓前，题新会某某、夫人某某之墓，碑阴记我籍贯及汝母生卒，子女及婿、妇名氏、孙及外孙名，其余浮词不用。

平台下的柏林中，甬路东侧为其弟梁启雄之墓，甬路西侧为其子、炮兵上校梁思忠墓及女梁思庄墓。梁思庄为中国著名的图书馆学家，其墓碑的碑座为八卷巨书石雕，设计颇具匠心，寓意深刻。甬路再西侧有一精美小巧白色的八角石亭，四周辟有洞门，周围建有平台，穹顶雕花瓣图案，亭内空无一物。原设计亭里立一尊梁启超纪念铜像，后因财力不足未果。

在墓园的前方不远处，砖砌甬路左右各立一座造型优美、挺拔凝重的清康熙年间的皇族墓碑。这本是梁家从没落的皇族墓地买来的废碑，准备磨掉旧碑文重新刻字，后也是因财力枯竭无力镌刻碑文而弃置于墓园内了。后植物园将石碑立起。

梁墓于1978年2月24日由其后人梁思庄、梁思达、梁思懿、梁思宁、梁思礼全部无偿交给北京植物园。移交的内容包括：土地1.8公顷、各种树木965棵、水井1眼、亭子1座、未竖起的碑石及碑座2套、围墙380米。植物园接收后，按规划对梁墓进行了整理建设、绿化美化，使这座荒凉的墓园，恢复了昔日的幽静肃穆，供人们凭吊瞻仰。

张绍曾墓　位于树木园北部的木兰小檗区，面积2.4公顷。

张绍曾，字敬舆，是中国近代资产阶级政治家。张绍曾

张绍曾墓

1879年10月19日出生于河北省大城县张思河村，早年留学日本，归国后历任北洋督练公所教练处总办、贵胄学堂监督和新军第二十镇统制等职。1911年10月武昌起义后，因其电报奏稿十二条主张君主立宪，影响颇大。继而与吴禄贞、蓝天蔚等密谋起义，进兵丰台推翻清廷，泄漏未果。辛亥革命后，历任北洋军政府绥远将军兼垦务督办、陆军训练总监、陆军总长等职。1923年1月任国务总理。因主张南北统一和欢迎孙中山入京而被迫去职，居天津。1928年3月21日在天津被大军阀张作霖派人暗杀。3月22日身亡，年仅49岁。

张绍曾逝世后，灵柩浮厝于谦德庄江苏义园。1933年秋，其生前友好及一些知名人士集资，在北京香山卧佛寺旁的东沟村购建陵墓，举行了公葬。

墓地坐北朝南，分西南和东北两部分。西南墓区，有青石牌楼，石碑和宝顶供桌等。宝顶原为青砖水泥砌筑，四周围有石栏杆。"文化大革命"中遭破坏仅保留下圆形三合土坟丘。其前有次子张述先的水泥石筑坟冢。墓区前方立一简易青石牌楼，上刻"故国务总理张上将军之墓"，两柱上有周肇祥题行书对联："故垒怆辽东化鹤莫栖华表柱，玄堂开寺左归神长护大乘门"。东北部为祠堂区。祠堂建于半山上，面阔三间两耳，正房绿琉璃瓦歇山顶，古朴端庄。祠堂建材购自清代王陵。祠堂前立有两块华表和石狮，皆为清代遗物，周围栽满松柏树。

1990年10月由其后代张继先（张绍曾之三子）、张希贤（张绍曾之孙）、张志贤（张绍曾之孙女）、张慧贤（张绍曾之次孙女）、

张绍曾祠堂前华表

张梦贤（张绍曾之三孙女），将“墓地三十六亩包括地面建筑祠堂五间、南房三间、东房三间，已成材的树木三百株”无偿交付给植物园。

孙传芳墓 位于植物园东环路口北侧，卧佛寺东南方约 200 米处。墓园坐北朝南，红墙灰瓦，门额上有“泰安孙馨远先生墓”砖雕字。

孙传芳，字馨远，山东历城人。生于 1885 年。1935 年于天津居士林被施从滨之女施剑翘报父仇刺杀。孙传芳为北洋政府直系军伐，任浙、闽、苏、皖、赣五省联手总司令。

孙传芳墓，鸟瞰似宝瓶形状。墓地北端海拔高 92.5 米，南端约高 90.5 米。墓地南北长 125 米，东西宽瓶顶处 50 米（北端），瓶颈处 35 米。

墓地分三部分，东边为坟冢，西边为祠堂，北面为松园。正门是一座坐北朝南带吻兽歇山式的门楼，面阔 3.87 米，进深 2.77 米，高 6 米。中间是两扇 3 米高钢制朱漆大门。门楼北面横额是“寿安永奠”，门上楹联为“往事等浮云再休谈岱麓枌榆逷问江东壁垒，敛神皈净土且收起武子家法来听释氏梵音”。门楼两侧是高 3.5 米，长 3.82 米的撇山影壁。

阴宅墓区有宽 3 米，长 30 米的砖漫神道直通孙传芳的墓冢。墓冢建在月台正中，边长 9 米，高 1.42 米，为正方形。墓冢正中，是一座直径 1.88 米，高 3.5 米的堵波式石制墓塔。塔基为六边形须弥座，花岗岩制成，中间镶以拱形汉白玉龛，镌刻有“将蚩恪

孙传芳墓园

威上将军总浙闽苏皖五省军务孙君神道碑”。由“上元顾祖彭撰文”，“侯官郭则书丹并撰额”，时“中华民国二十七年觳旦”等字。

墓区的西部为祠堂院。南北长 56 米，东西宽 21.5 米，占地 1204 平方米。祠堂的西北角一小门可通墓地后的松园，松园面积 2600 平方米，遍植松、柏、杨、槐等各种树木。

“文化大革命”期间，孙传芳墓室曾被红卫兵挖开，墓穴中有墓志铭两块。孙传芳与张氏的金丝楠木棺材及其妾周氏的杉木棺，后均被埋在水生植物园北岸。

植物园对孙传芳墓园的房屋进行了修缮，对树木进行了养护。

孙传芳墓

王锡彤墓　位于卧佛寺东南 500 米处，与张绍增墓隔路相望，王墓在南，张墓在北，与孙传芳墓、梁启超墓形成鼎足之势。

王锡彤，字筱汀，河南汲县人。卒于民国二十七年（1938）六月九日，享年 73 岁，民国三十年（1941）葬于此地。因王锡彤与袁世凯有同乡之谊，曾在与袁合股创办的天津启新洋灰公司任协理，成为天津著名的资本家，人称“洋灰大王”

墓坐北朝南，地势高爽，保存基本完好。南北长200余米，东西宽近80米，面积1万平方米，墓地内树木茂盛，四周建有围墙。正门在东南角，石制门额上刻有“王慈荫堂茔地”。入门是三间两耳的东屋，为看坟人居住。折而西北行，有2米高圆形水泥墓，四周围以石栏杆，此系王锡彤之子的墓。此墓之西，一条泥砖甬路贯穿南北，南端是三间水泥牌楼，中间横额刻有“世流清芬”，下面柱上刻有对联“巆蘗馨奕世，松柏并长春”。两旁次间横额上刻有“凌云”“叠翠”四字。牌楼背面也刻有字，中间横额为“山高水长”，两侧横额为“天清”“地宁”;中间两柱上有对联“九天擎玉印，万古岿灵光”。

王锡彤墓

穿过牌楼北为王锡彤墓。墓建在水泥高台上，四周有须弥座和白石栏板。墓前一竖两横三块汉白玉石碑立于石座上。中间一块高 1.2 米，正面刻“先考莜汀府君先妣赵太夫人之墓”，落款“中华民国二十八年十一月”；背面刻有十三个子女的名字。两边横立的石碑，东边的碑文是记述王一生经历的碑铭，为“杭梁许丹撰文”“武进许宗浩书”。西边一块是王妻赵夫人之碑，上有“江宁朱士焕撰文”“蒲圻张海若书丹”的碑铭。王的墓穴为混凝土，前后有铁门，王妻在旁单修有墓穴，王墓完好未被盗挖。

附录：植物园桃花节主要观赏花物候表

序号	观花植物	花期	最佳观赏区	观花指数
1	番红花	3月下旬—4月初	科普棺北侧草坪	3星
2	蜡梅	3月中—3月底	卧佛寺内	4星
3	迎春	3月下旬—4月初	中轴路两侧	4星
4	连翘	4月初—4月中	湖区周边	4星
5	山桃	3月底—4月上旬	曹雪芹纪念馆西侧	5星
6	白花山碧桃	4月初—4月中	科普棺西侧、碧桃园内	5星
7	望春玉兰	3月底—4月初	木兰小檗区	3星
8	白玉兰	4月初—4月中	木兰园内	5星
9	紫玉兰	4月初—4月中	木兰园内	5星
10	二乔玉兰	4月初—4月中	木兰小檗区	4星
11	黄鸟玉兰	4月中旬	木兰小檗区	4星
12	紫叶小檗	4月中—4月底	木兰小檗区	3星
13	银芽柳	3月底—4月中	中湖南岸	4星
14	迎红杜鹃	3月底—4月上旬	樱桃沟自然保护区	3星
15	大花溲疏	4月中旬	碧桃园内	3星
16	倭海棠	4月初—4月中	海棠园	5星
17	贴梗海棠	4月初—4月中	海棠园	5星
18	垂丝海棠	4月中旬—4月底	海棠园	5星
19	西府海棠	4月中旬—4月底	海棠园	5星
20	现代海棠品种	4月中旬—4月底	海棠园	5星

（续表）

序号	观花植物	花期	最佳观赏区	观花指数
21	东北扁核木	4月初—4月中	北湖北岸	3星
22	杏	4月初—4月中	槭树蔷薇区	4星
23	麦李	4月初—4月中旬	月季园南部	3星
24	郁李	4月初—4月中旬	北湖北岸	3星
25	八重寒红梅花	4月初—4月中	梅园	4星
26	丰后梅花	4月初—4月中	梅园、湖区周边	5星
27	美人梅	4月中—5月中	梅园	5星
28	其他梅花	4月初—4月底	梅园	4星
29	二色桃	4月中旬	碧桃园内	5星
30	菊花桃	4月中—5月上旬	碧桃园内	5星
31	照手桃	4月中旬	碧桃园内	5星
32	寿星桃	4月中—4月底	碧桃园内	5星
33	品霞山碧桃	4月上旬—4月中	碧桃园内	5星
34	云龙桃	4月中旬	碧桃园内	5星
35	樱花	4月初—4月中	碧桃园内	4星
36	辽梅山杏	4月初—4月中	盆景园外西侧	4星
37	毛樱桃	4月初—4月中	樱桃沟自然保护区	4星
38	榆叶梅	4月初—4月中	碧桃园内	5星
39	豆梨	4月初—4月中	北湖东北部	2星
40	鸡麻	4月初—4月中	北湖西岸	2星
41	黄蔷薇	4月下旬—5月中	月季园、丁香园	3星
42	黄刺玫	4月下旬—5月中	曹雪芹纪念馆附近	3星
43	报春蔷薇	4月下旬—5月上旬	曹雪芹纪念馆附近	2星
44	绣线菊	4月下旬—5月中	北湖沿岸	3星
45	珍珠花	4月中旬—4月底	中湖南岸	3星
46	紫荆	4月初—4月底	槭树蔷薇区	4星

（续表）

序号	观花植物	花期	最佳观赏区	观花指数
47	紫藤	4 月中—4 月底	丁香园	3 星
48	胡颓子	4 月底—5 月中	绚秋苑	3 星
49	红瑞木	4 月下旬—6 月	北湖沿岸	2 星
50	四照花	4 月中—5 月中	北湖西岸	3 星
51	鹅掌楸	5 月上旬	木兰小檗区	4 星
52	山茱萸	3 月底—4 月中	北湖北岸	3 星
53	卫矛	5 月上旬	绚秋苑	2 星
54	文冠果	4 月中—4 月底	丁香园南部	3 星
55	七叶树	4 月下旬—5 月上旬	卧佛寺内	4 星
56	黄栌	4 月下旬—5 月中	北湖西岸	2 星
57	流苏树	4 月下旬—5 月中	木兰小檗区	2 星
58	雪柳	5 月上旬	西环路两侧	2 星
59	紫丁香	4 月中—5 月中	丁香园	5 星
60	欧洲丁香	4 月下旬—5 月中	丁香园	5 星
61	兰考泡桐	4 月中—5 月中	泡桐白蜡区	4 星
62	楸树	4 月下旬—5 月中	樱桃沟自然保护区	2 星
63	猬实	5 月上旬	绚秋苑	3 星
64	忍冬	4 月初—5 月中	绚秋苑	2 星
65	金银木	4 月下旬—5 月中	绚秋苑	3 星
66	接骨木	4 月下旬—5 月中	曹雪芹纪念馆外	2 星
67	欧洲绣球	5 月上旬	梅园	4 星
68	海仙花	5 月上旬	木兰小檗区	3 星
69	锦带花	5 月上旬	月季园	3 星
70	贝母	4 月中—5 月中	世界名花展区	5 星
71	风信子	4 月中—5 月中	世界名花展区	5 星
72	葡萄风信子	4 月初—5 月中	世界名花展区	5 星

（续表）

序号	观花植物	花期	最佳观赏区	观花指数
73	郁金香	4月中旬—5月中	世界名花展区	5星
74	洋水仙	4月中—5月中	世界名花展区	5星
75	有髯鸢尾	4月下旬—5月底	宿根园	4星
76	珙桐	5月上旬	宿根园	5星
77	金园丁香	5月下旬	丁香园	5星
78	木姜子	4月上旬	宿根园东部	3星
79	白头翁	4月上旬	宿根园	3星
80	牡丹	4月底—5月中旬	牡丹园	5星
81	芍药	5月中—6月上旬	芍药园	5星

后记

承蒙北京出版集团、北京市地方志编纂委员会办公室副主任谭烈飞先生和原北京市园林局史志办主任王来水兄的举荐，我在《北京植物园志》的基础上,编著了《京华通览》之《北京植物园》一书。

2000 年，我刚刚调回北京植物园工作。在王来水主任的强烈推荐下，我接手了《北京植物园志》的编纂工作。在重新梳理和成书的过程中，我这个“新兵”被两位领导的“匪面命之，言提其耳”。还好，我还算努力，使得《北京植物园志》在我的手里付梓。而这一段工作经历，对我的人生却产生了重大影响，以至于后来的我不再愿意写轻飘飘的个人情感散文，因为历史的厚重让我感受到了生命的另一重意义——要留下有价值的东西。

北京植物园始建于 1956 年，并在此后的 60 多年中一直不断地建设发展。这个开放的园林景观的不断提升，是普通游客和专业学者们都有目共睹的，而其在科技运用、科学研究、公众科普等工作方面所取得的成果，更是在世界植物园业内得到高度赞誉。

“京华通览”丛书要反映2017年的情况，而《北京植物园志》的下限只记述到1994年。这中间23年的北京植物园的新发展、新变化需要补充。幸而我找到了在北京植物园工作近60年的老园长、世界著名植物园专家张佐双先生。张先生如数家珍地向我讲述了植物园的历史，还推荐了大量的参考书籍和资料。这使我如释重负。

在整个编写过程中，我得到了植物园党委书记齐志坚先生、海棠专家郭翎先生、植物园副园长魏玉先生的支持；在收集照片和资料的过程中，得到了黄亦工、刘东来、陈雨、李鹏、郭小波、林立、张铁强等诸位先生的帮助，在此一并感谢。

在编写《北京植物园》一书过程中，我深深为北京植物园60多年来的建设与发展，以及其为北京市民做出的贡献，感到自豪。一个甲子的园龄，植物园蓬勃的面貌背后，是几代植物园人辛勤的付出。人们在游览植物园美景的同时，不应忘记那些用汗水浇灌美景、有着鲜花一样美好心灵的园林工作者！

在此，也对悉心指导我们成书的北京出版集团的于虹主任表示真诚的谢意。

感恩所有的朋友！

2018年12月